Dr. Hitesh Paghadar

Fundamentos do som do transformador e sua atenuação

Dr. Hitesh Paghadar

Fundamentos do som do transformador e sua atenuação

ScienciaScripts

Imprint

Cover image: www.ingimage.com

This book is a translation from the original published under ISBN 978-613-7-99373-6.

Publisher:
Sciencia Scripts
is a trademark of
Dodo Books Indian Ocean Ltd. and OmniScriptum S.R.L publishing group

120 High Road, East Finchley, London, N2 9ED, United Kingdom
Str. Armeneasca 28/1, office 1, Chisinau MD-2012, Republic of Moldova, Europe
Printed at: see last page
ISBN: 978-620-8-14752-5

Resumo

O transformador é o equipamento mais vital numa rede de transmissão e distribuição de energia, abrangendo toda a rede desde a estação de produção até às instalações do utilizador. Durante o funcionamento normal, produz um zumbido caraterístico, cuja magnitude aumenta com o aumento da sua capacidade. Este ruído acentua-se quando adicionado ao ruído produzido pelos equipamentos auxiliares, como ventoinhas de arrefecimento e bombas. Até há duas décadas atrás, o som produzido pelo transformador não tinha qualquer importância na vida pública. No entanto, ultimamente, está a atrair a atenção do público em geral devido à sua crescente preocupação com a poluição sonora ambiental. Isto deve-se sobretudo ao facto de, com a crescente procura de energia, estar a ser instalado um maior número de transformadores de potência nas proximidades das zonas rurais, urbanas e suburbanas povoadas.

Em muitos países, os regulamentos locais especificam os níveis sonoros máximos permitidos. De acordo com as regras indianas, os níveis são especificados por zona, nomeadamente residencial, industrial, comercial e zona de silêncio. Consequentemente, os transformadores com baixos níveis sonoros estão a ser cada vez mais especificados pelos utilizadores. Por esta razão, o nível sonoro do transformador torna-se uma consideração importante na conceção, fabrico, instalação e funcionamento. Assim, a conceção e o fabrico de transformadores com baixos níveis sonoros requerem um conhecimento profundo das fontes de som e das possíveis medidas corretivas.

A principal fonte de som audível é o circuito magnético do transformador que produz som devido ao fenómeno de magnetostricção, à vibração dos enrolamentos, do tanque e de outras partes estruturais, e ao ruído produzido pelo equipamento de arrefecimento. Para a estimativa do nível sonoro produzido pelo núcleo do transformador, são utilizados pelos projectistas diferentes métodos empíricos. No entanto, para amortecer a transmissão do som, são adoptadas várias práticas durante o fabrico do transformador. Além disso, o controlo do ruído produzido pelos auxiliares do transformador é efectuado através da seleção criteriosa das bombas de óleo e das ventoinhas de arrefecimento.

Este trabalho de dissertação centrou-se brevemente na compreensão da génese da geração de som, no modo de transmissão do som e em investigações experimentais detalhadas para estabelecer a eficácia de várias medidas de mitigação que estão a ser adoptadas na indústria de transformadores. Reconhecendo a necessidade de uma estimativa exacta do som produzido pelo núcleo do transformador logo na fase do desenho, a conceção das experiências, envolvendo medições do nível sonoro, foi orientada para o estudo da influência de vários parâmetros, como a densidade do fluxo, os métodos de consolidação das laminações do núcleo, a utilização de almofadas anti-vibração, a utilização de painéis de absorção sonora, o perfil de medição do som, etc. Os resultados dessas experiências são apresentados na tese e resumidos a seguir.

- Validação das fórmulas empíricas atualmente utilizadas.
- Eficácia de várias medidas de atenuação do som, como almofadas anti-vibração e painéis de absorção de som.

Conteúdo

Capítulo 1

Introdução

1.1 Introdução

O som é definido como qualquer variação de pressão que o ouvido humano pode detetar, desde o som mais fraco até aos níveis que podem prejudicar a audição. A gama de frequências do som audível é de 20 Hz a 20 KHz. Em muitos países, existem regulamentos locais que especificam os níveis sonoros máximos permitidos nas zonas industriais, comerciais, residenciais e na zona de silêncio. De acordo com a regra do Governo da Índia declarada pela Notificação do Ministério do Ambiente e das Florestas em fevereiro de 2000, os níveis sonoros aceitáveis são apresentados no Quadro I [1].

A procura crescente de energia eléctrica leva a que cada vez mais transformadores sejam instalados nas proximidades de zonas povoadas. Os transformadores em serviço emitem um som distinto, que é contínuo e de valor constante, independentemente da carga, que pode

Category of Area/Zone	Day time Limits in dB(A)	Night time Limits in dB(A)
Industrial Area	75	70
Commercial Area	65	55
Residential Area	55	45
Silence Zone	50	40

Tabela I: Norma de qualidade do ar ambiente em relação aos sons

Acrescem os ruídos produzidos pelos axilares, como bombas e ventiladores de refrigeração. A tendência para instalar postos de transformação perto de zonas habitacionais ou no interior de oficinas industriais para alimentação direta aos processos tornou-os mais prejudiciais para o ambiente. Se não forem tomadas medidas especiais de controlo do ruído, o aumento do número de instalações de transformadores pode conduzir a níveis de ruído que ultrapassam os limites aceitáveis. A crescente sensibilização do público para as questões ambientais tem atraído mais a atenção do público. Para responder ao receio do público, os proprietários de subestações precisam de instalar transformadores de baixo ruído.

A emissão de ruído pelos transformadores em funcionamento é inevitável. Pode dar origem a queixas que, por várias razões, são difíceis de resolver. Os principais problemas são:

- Os transformadores de distribuição estão normalmente situados mais perto das habitações ou dos escritórios do que outros tipos de equipamentos. Funcionam durante todo o dia e emitem continuamente ruído que se torna percetível sobretudo durante a noite.

- Para fazer face à crescente procura de energia, as subestações existentes são modernizadas, o que conduz a um aumento dos níveis de potência.

Os fabricantes de transformadores devem, por conseguinte, abordar esta questão. A tendência para o aumento constante das necessidades de energia implica um aumento automático do ruído do transformador e têm de ser adoptadas medidas de redução do ruído para tornar o transformador mais silencioso. Por conseguinte, é conveniente que se desenvolva uma boa compreensão da produção e transmissão de energia sonora e dos seus princípios de medição para especificar adequadamente os níveis sonoros nos transformadores. Isto pode ser útil na resolução de queixas da comunidade relativamente à instalação atual e futura de transformadores. O transformador não deve exceder a limitação do nível sonoro da zona prescrita pelo governo [1] e as normas de produto relevantes como a NEMA TR-1 [2] e o Manual CBIP sobre Transformadores [7].

1.2 Teoria básica do som

O "som" é a sensação auditiva que resulta de uma perturbação no ar, na qual uma parte elementar do ar transfere o seu impulso para uma parte elementar adjacente, dando-lhe assim movimento. Um objeto sólido que vibra põe em movimento o ar em contacto com ele, iniciando assim uma "onda" no ar. Qualquer movimento de um objeto sólido pode provocar som, desde que a intensidade e a frequência sejam tais que o ouvido o possa detetar [14].

Qualquer peça de maquinaria electromagnética vibra e irradia energia acústica. A potência sonora é a taxa de energia irradiada (energia por unidade de tempo). A intensidade sonora é a taxa de fluxo de energia num ponto, ou seja, através de uma área unitária. Para descrever completamente esta taxa de fluxo, a direção do fluxo deve ser incluída. A intensidade sonora é, portanto, uma grandeza vetorial. A pressão sonora é a grandeza equivalente escalar, tendo apenas magnitude[14].

Uma fonte sonora irradia potência. O que ouvimos é a pressão sonora, mas esta é causada pela potência sonora emitida pela fonte. A pressão sonora que ouvimos ou medimos com um microfone depende da distância da fonte e do ambiente acústico (ou campo sonoro) em que as ondas sonoras estão presentes. Ao medir a pressão sonora não podemos necessariamente quantificar o ruído que uma máquina produz. Por conseguinte, é essencial encontrar a potência sonora, porque esta quantidade é mais ou menos independente do ambiente e é o único descritor do ruído de uma fonte sonora.

A principal grandeza utilizada para descrever o som é o tamanho ou a amplitude das flutuações de pressão no ouvido humano. O som mais fraco que um ouvido humano saudável consegue detetar tem uma amplitude de 20 micro pascal. O ouvido também pode tolerar pressões sonoras mais de um milhão de vezes superiores. Assim, se medirmos o som em pascal, acabaríamos por ter números bastante grandes e impossíveis de gerir. Para evitar isto, é utilizada outra escala - a escala de decibéis ou dB. O decibel não é uma unidade de medida absoluta. É um rácio entre uma quantidade medida e um nível de referência acordado. A escala dB é logarítmica e utiliza o limiar de audição de 20 micro pascal como nível de referência, que é definido como dB.

1.2.1 Nível de pressão sonora

Um nível de pressão sonora pode ser definido como:

$$L_p = 10 \log(\frac{P}{P_0})^2 \quad (1.1)$$

Em que: Po = 20 micro Pa (pressão sonora de referência); P = pressão sonora nos pontos de medição

A perceção do ruído depende não só da pressão sonora mas também da frequência das ondas sonoras [12].

1.2.2 Nível de intensidade sonora

É definida como a taxa de fluxo de energia por unidade de área e é medida em watts por metro quadrado [5].

$$L_i = 10\log(\frac{I}{I_0}) \qquad (1.2)$$

Onde, Io = 10-12 W/m2 (Intensidade sonora de referência); I = pressão sonora nos pontos de medição

A intensidade sonora é medida como a taxa média de fluxo de energia por unidade de área. Em alguns pontos de medição, a energia pode estar a viajar para trás e para a frente. Se não houver fluxo líquido de energia na direção da medição, não haverá intensidade líquida registada.

1.2.3 Nível de potência sonora

Um nível de potência sonora pode ser definido como:

$$L_P = 10\log(\frac{P}{P_0}) \qquad (1.3)$$

Em que, Po = 10-12 watt (potência sonora de referência); P = potência sonora (watt)

O nível de potência sonora é dez vezes o logaritmo do rácio entre uma determinada potência sonora e a potência sonora de referência [5].

O nível de potência sonora pode ser calculado através do nível de pressão sonora ou do nível de intensidade sonora.

$$L_{WA} = L_{PA} + 10\log(S) \qquad (1.4)$$

$$L_{WA} = L_{IA} + 10\log(S) \qquad (1.5)$$

Em que, LWA=Nível de potência sonora ponderado A; LPA=Nível de pressão sonora ponderado A; LIA=Nível de intensidade sonora ponderado A; S=Área da superfície radiante (m2)

1.3 Escalas para medição do nível sonoro

Existem três tipos de escalas para a medição do nível sonoro: (1) escala de ponderação A (2) escala de ponderação B (3) escala de ponderação C. As formas de onda típicas de resposta em frequência para as escalas de ponderação acima estão representadas na fig. 1.1 [8].

Escala de ponderação A

Esta escala segue a sensibilidade de frequência do ouvido humano a níveis baixos. Esta é a escala de ponderação mais comummente utilizada, uma vez que também prevê bastante bem o risco de danos no ouvido. Os sonómetros regulados para a escala de ponderação A filtrarão grande parte do som de baixa frequência que medem, à semelhança da resposta do ouvido humano. As medições de som efectuadas com a escala de ponderação A são designadas como dB (A).

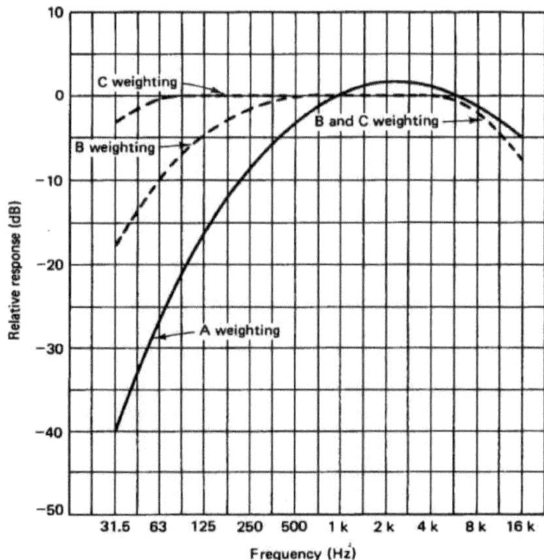

Figura 1.1: Resposta em frequência para as redes de ponderação A, B e C

Escala de ponderação B

Segue a sensibilidade de frequência do ouvido humano a níveis moderados; utilizado no passado para prever o desempenho de altifalantes e estéreos, mas não do som industrial.

Balança de ponderação C

Segue a sensibilidade de frequência do ouvido humano a níveis sonoros muito elevados. A escala de ponderação C é bastante plana e, por isso, inclui muito mais da gama de sons de baixa frequência do que as escalas A e B.

1·4 Organização da tese

Esta tese contém 7 capítulos que abrangem estudos analíticos e experimentais destinados a atenuar a geração e a transmissão do nível sonoro de transformadores, respetivamente.

Capítulo 2, *Revisão da Literatura*, contém um resumo executivo da literatura estudada, incluindo livros, documentos técnicos e normas.

O capítulo 3, *Som do Transformador*, descreve as fontes de geração de som, transmissão e transmissão no ar. Também descreve o som em carga e em vazio e as formas através das quais o som se transmite ao tanque.

O Capítulo 4, *Medição do nível sonoro em transformadores de potência*, descreve a diferença entre os métodos de medição da pressão sonora e da intensidade sonora e o procedimento para a medição do nível sonoro de transformadores de acordo com as normas IEEE C57.12.90 e IEC-60076-10. Também descreve o significado das diferentes escalas de medição do nível sonoro e os factores de correção aplicáveis.

O **capítulo 5**, *Mitigação do som do transformador*, contém as medidas de mitigação do som, nomeadamente controlos de conceção, controlo através de processos de fabrico e medidas externas. Apresenta os controlos de conceção para o som em carga e em vazio, o estudo analítico que envolve diferentes concepções eléctricas para a redução do nível sonoro, as caraterísticas das ventoinhas de arrefecimento, os processos de fabrico e os métodos de controlo interno e externo para a atenuação do nível sonoro.

O capítulo 6, *Investigação Experimental*, inclui o trabalho efectuado para descrever o processo de validação das fórmulas empíricas existentes para a estimativa do nível sonoro, envolvendo a sua modificação para obter precisão na fase de projeto e também a investigação experimental para reduzir o nível sonoro do transformador. A experimentação foi efectuada para observar o comportamento do nível sonoro em relação à alteração da tensão de excitação e da densidade do fluxo em diferentes classificações do transformador de potência. Além disso, são descritas experiências que envolvem a utilização de material absorvente de som (amortecedor) entre os reforços e em todas as paredes do tanque do transformador e a exploração da utilização de almofadas anti-vibração sob os pés do conjunto do núcleo, sendo os resultados discutidos.

Finalmente, no **capítulo 7** são apresentadas as observações finais e o âmbito do trabalho futuro.

Capítulo 2

Revisão da literatura

O aumento da poluição sonora ambiental é uma questão de grande preocupação e, ultimamente, tem atraído a atenção do público. O som produz as alterações oscilatórias mínimas da pressão atmosférica e é audível para o ouvido humano quando se encontra na gama de frequências de 20Hz a 20kHz. Quando o seu nível excede um determinado limiar, pode afetar a capacidade auditiva dos seres vivos. Por conseguinte, os níveis sonoros aceitáveis são especificados por decretos e normas de produtos [1], [2].

Uma fonte de som irradia energia, o que resulta numa pressão sonora [3]. A potência sonora é medida pelo nível de pressão sonora ou pelo nível de intensidade sonora [4].

De acordo com a norma IEC-60076-10, IEEE C57.12.90 e o manual CBIP, a distância de medição do nível sonoro a partir da superfície radiante principal, com e sem auxiliares de arrefecimento forçado do ar, e a altura de medição são especificadas [5], [6], [7]. Geralmente, a escala ponderada A é utilizada para a medição do nível sonoro de transformadores [8].

As fontes de ruído do transformador são a magnetostricção no núcleo, a vibração do enrolamento devido a forças electromagnéticas, as paredes do tanque, as derivações magnéticas e os equipamentos de arrefecimento [5]. Verificou-se que a magnetostricção desempenha o papel principal na produção de ruído e depende da densidade do fluxo [9]. A magnetostricção é um termo utilizado para designar as pequenas deformações químicas das laminações do núcleo em resposta à aplicação de um campo magnético. A frequência do som do transformador é o dobro da frequência da alimentação [10], [11]. Uma variação de 10 % na densidade de fluxo em relação ao valor nominal produz, em média, uma diferença de cerca de 3 dB(A) [12].

O nível sonoro gerado é transmitido ao tanque através de meios estruturais e aéreos [12],[13]. Finalmente, o som é irradiado pelo tanque e transmitido para o ar através do solo [14]. De acordo com as leis da acústica, o volume do som diminui com o quadrado da distância d" das fontes pontuais assumidas. Quando a distância é duplicada, o nível sonoro diminui 6 dB[12], [15].

A vibração do núcleo é o principal fator do nível sonoro em vazio. A densidade do fluxo, o material do núcleo, a geometria do núcleo e a forma de onda da tensão de excitação são os factores que influenciam a magnitude e os componentes de frequência dos níveis sonoros do núcleo do transformador [3]. O nível sonoro também depende das propriedades magnéticas do material do núcleo do transformador. Factores como a espessura da chapa, a tensão, os revestimentos, o nível de indução e a frequência de magnetização afectam as propriedades magnéticas do material do núcleo [16].

As fontes de ruído de carga são as vibrações das paredes do tanque, as derivações magnéticas e os próprios enrolamentos e dependem da corrente de carga [17]. O ruído do enrolamento é apenas alguns dB inferior ao ruído do núcleo e pode excedê-lo, se a densidade de fluxo de projeto à tensão nominal for inferior a 1,4 T. [17], [4]. O tipo de enrolamento, a disposição do enrolamento, a densidade de corrente, as blindagens/convectores do tanque e os parâmetros de projeto do tanque têm um efeito significativo na magnitude do nível sonoro da carga [18]. As outras fontes de ruído do transformador são as ventoinhas de arrefecimento e as bombas de óleo. O ruído pode ser reduzido através da utilização de ventiladores de menor velocidade [14].

O nível sonoro pode ser reduzido através da minimização da geração de som e do amortecimento da transmissão de som. A geração de som pode ser reduzida através de uma baixa densidade de fluxo operacional [19] e da adoção de juntas em degrau no núcleo [16]. Na zona de maior densidade de fluxo, a magnetostricção pico a pico é quase constante para o material HI-B [20]. O tamanho da folga entre a forquilha e o membro também afecta o nível sonoro [21].

A transmissão do som pode ser reduzida minimizando a transmissão através da estrutura [3], amortecendo o material entre os reforços e nas paredes do tanque [12], [22]. A utilização de ventiladores e bombas de baixo ruído reduz a magnitude do nível sonoro audível.

Capítulo 3

Som do transformador

Existem múltiplas fontes de som relacionadas com o fluxo eletromagnético, (a) Magnetostric tive, que causam a vibração do núcleo de aço e (b) Magneto-motive, que causam a vibração do núcleo devido à replusão/atração da laminação do núcleo e à vibração das bobinas de enrolamento. Estas vibrações são transferidas para o depósito através de ondas acústicas no fluido. Neste capítulo são abordados os aspectos fundamentais da geração e transmissão do som do transformador.

3.1 Geração de som

Existem três fontes de geração de som nos transformadores de potência: (1) Som do núcleo, causado por magnetostricção. (2) Som de carga, causado por vibrações do enrolamento devido a forças electromagnéticas e vibrações em partes estruturais devido ao fluxo de fuga associado à corrente de carga. (3) Som gerado pelo funcionamento das ventoinhas e bombas de arrefecimento externas

3.1.1 Som principal

A vibração e o som do núcleo do transformador são devidos à magnetostricção e aos efeitos magneto-mecânicos de atração (fluxos cruzados).

A magnetostricção é um termo utilizado para designar as pequenas deformações mecânicas das laminações do núcleo em resposta à aplicação de um campo magnético alternado. A magnitude da magnetostricção aumenta com a densidade do fluxo, até o material ficar saturado. O núcleo de um transformador é magneticamente excitado por uma tensão alternada, causando a extensão e contração das laminações duas vezes durante um ciclo completo de magnetização, como se mostra na fig. 3.1. Como a mudança de dimensão é independente da direção do fluxo, ocorre com o dobro da frequência de alimentação, ou seja, a frequência fundamental da magnetostricção é de 100Hz.

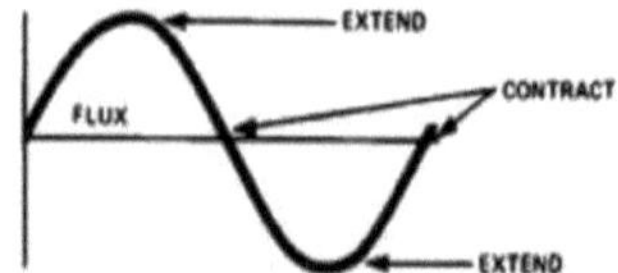

Figura 3.1: Variação do comprimento de laminação do núcleo em função do fluxo

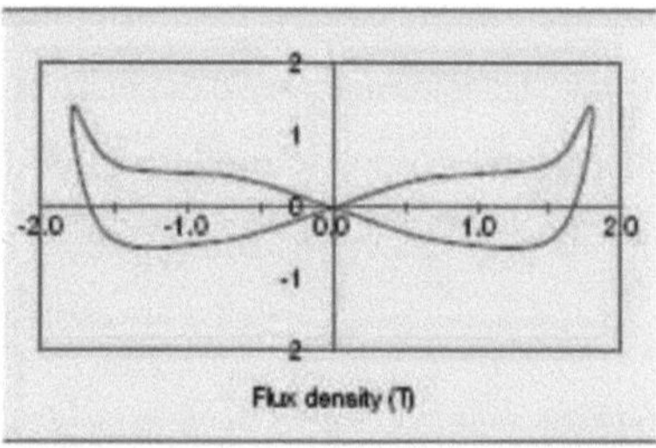

Figura 3.2: Curva de magnetostricção; variação relativa do comprimento da laminação do aço do núcleo durante um ciclo completo de fluxo alternado

A extensão e a contração não são uniformes. A curva de magnetostricção em relação à densidade de fluxo é não linear (fig. 3.2), com harmónicos de frequência mais elevada introduzidos a densidades de fluxo mais elevadas. Por conseguinte, o som do núcleo tem componentes em múltiplos de 100 ou 120 Hz (para transformadores de 50 Hz e 60 Hz, respetivamente). A magnitude relativa do som nestas diferentes componentes de frequência depende do grau do material do núcleo (M0H, M4, M6etc), da geometria do núcleo (como a construção do núcleo, as juntas do núcleo, o aperto do núcleo, a espessura das laminações, etc.), da densidade do fluxo de funcionamento (1,4 -1,8 T) e da proximidade das frequências de ressonância do núcleo e do tanque em relação às frequências de excitação.

Os harmónicos pares e ímpares da onda magnética fundamental estão presentes no som resultante. Mas a magnitude do nível de som nas harmónicas pares é superior à das harmónicas ímpares, de acordo com o espetro de frequência do som.

A amplitude da magnetostricção em função da densidade de fluxo do núcleo é mostrada na figura 3.3. Observa-se que os valores pico a pico no caso do material HI-B são quase constantes numa gama de densidades de fluxo de 1,4 a 1,75 T. Isto significa que, nestes casos, não vale a pena tentar reduzir o ruído através da redução da densidade de fluxo operacional no núcleo.

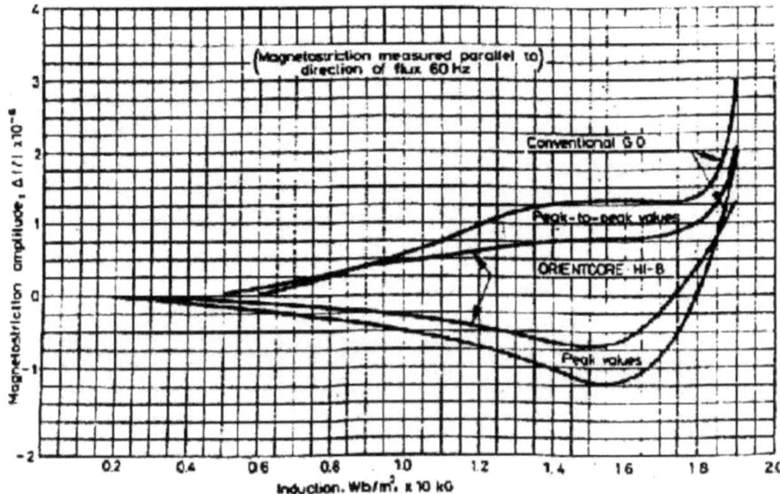

Figura 3.3: Amplitude da magnetostricção em função da densidade do fluxo

A vibração longitudinal é a consequência natural da magnetoestricção. A necessidade de restringir as laminações por aperto também leva a vibrações transversais e este efeito é ilustrado na figura 3.4. As medições efectuadas para este efeito sugerem que as vibrações transversais contribuem com aproximadamente tanta energia sonora para o som como as vibrações longitudinais [14].

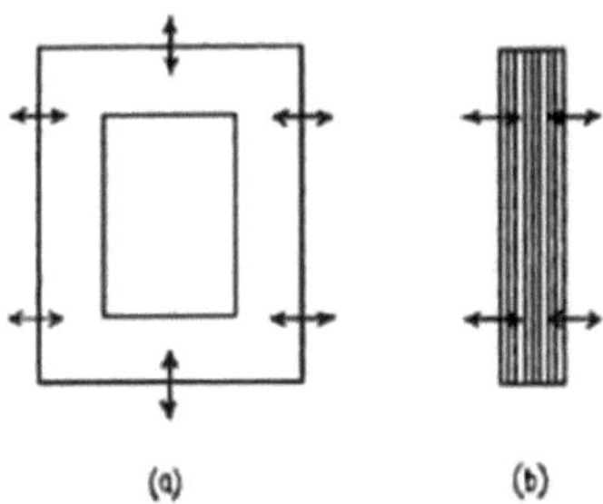

Figura 3.4: Vibração devida a magnetostricção: (a) longitudinal (b) transversal

A outra principal fonte de som do núcleo do transformador deve-se às forças atractivas e repulsivas alternadas entre as laminações causadas pela transferência de fluxo através dos espaços de ar nas juntas perna-joque e interjoque. Estas forças podem ser reduzidas através de técnicas especiais de construção e de projeto, das quais a mais conhecida e mais amplamente utilizada é a forma de construção do núcleo por etapas.

As propriedades magnéticas do material do núcleo do transformador, como a espessura da folha, a tensão, o revestimento ings, o nível de indução e a frequência de magnetização também afectam o nível sonoro. A ressonância mecânica na estrutura de montagem do transformador, bem como nas paredes do núcleo e do tanque, também pode ter uma influência significativa na magnitude das vibrações do transformador e, consequentemente, no som acústico gerado.

3.1.2 Carregar som

O ruído de carga é gerado principalmente pela interação entre a corrente de carga nos enrolamentos e o fluxo de fuga produzido por esta corrente. A frequência principal deste som é o dobro da frequência de alimentação, ou seja, 1OO Hz para transformadores de 50 Hz e i20Hz para transformadores de 60 Hz. Se a corrente de carga contiver harmónicas significativas, por exemplo, em transformadores rectificadores, as forças conterão harmónicas de frequência mais elevada. Estas harmónicas adicionais são uma fonte significativa de ruído que deve ser considerada quando o transformador é encomendado. O nível sonoro da carga depende da corrente de carga e é causado pelo enrolamento do transformador e pela vibração nas partes estruturais devido ao fluxo de fuga produzido por esta corrente, ou seja, paredes do tanque e derivações magnéticas. Estes fenómenos são discutidos a seguir.

Vibração do enrolamento

O enrolamento do transformador vibra devido às forças electromagnéticas radiais e axiais, que são produzidas pela corrente que flui nos condutores do enrolamento. Geralmente, a vibração axial dos enrolamentos contribui para o som, mas se o diâmetro do enrolamento for superior a 6 m, então a vibração radial do enrolamento também gera um som significativo. As vibrações axiais são excitadas por forças de compressão. As amplitudes de vibração produzidas por uma determinada força de compressão dependem das propriedades de vibração do enrolamento. Trata-se de um sistema vibratório, que é controlado pela sua massa, pela rigidez ou elasticidade da mola e pelo amortecimento, que afecta as vibrações.

A elasticidade do enrolamento depende do módulo de elasticidade dinâmico dos seus materiais isolantes.

Derivações magnéticas

As derivações magnéticas instaladas no interior das paredes do reservatório para controlar as perdas por dispersão podem também ser uma fonte significativa de ruído nos transformadores devido à vibração causada pelo fluxo de fuga através das folhas de laminação. Um projeto mecânico adequado para as derivações magnéticas laminadas seria útil para controlar as vibrações e evitar a ressonância nas paredes do reservatório. O projeto das derivações magnéticas deve ter em conta os efeitos das sobrecargas para evitar a saturação, que causaria níveis sonoros mais elevados durante essas condições de funcionamento.

Vibração em peças estruturais

Estão em voga diferentes disposições de bloqueio da parte ativa com o tanque na parte inferior e superior do tanque para evitar o movimento relativo do núcleo pesado e da massa do enrolamento durante o transporte e a expedição. Durante o funcionamento do transformador, as vibrações do núcleo são transferidas para o reservatório através dessa disposição de bloqueio. Além disso, os campos magnéticos dispersos podem também induzir vibrações nos componentes estruturais, causando ruído.

3.1.3 Equipamentos de arrefecimento

A outra grande fonte de som do transformador é o equipamento de arrefecimento do transformador, como as ventoinhas de arrefecimento e as bombas de óleo. As ventoinhas de arrefecimento produzem som na gama de 500-2000 Hz, uma banda de frequência à qual o ouvido humano é mais sensível do que a frequência fundamental de 100 Hz produzida pelo efeito de magnetostricção no núcleo [5].

3.2 Transmissão de som

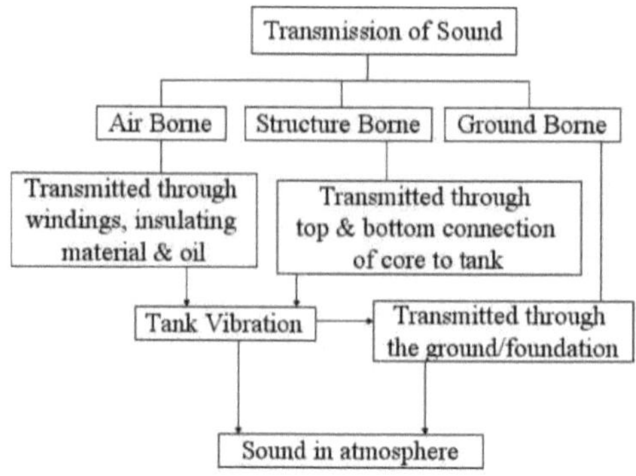

Figura 3.5: Transmissão de som num transformador de potência

A transmissão da energia sonora do circuito magnético para o reservatório faz-se de duas formas: (1) Por via aérea: através dos enrolamentos, dos materiais isolantes e do óleo [12]; (2) Por via estrutural: por contacto mecânico direto através dos apoios no fundo do reservatório, dos contraventamentos laterais e das ligações de topo; (3) Por via terrestre [14].

Durante o funcionamento de um transformador, as vibrações do núcleo e dos enrolamentos são transmitidas à superfície do tanque do transformador por transmissão aérea. Para além disso, as vibrações podem chegar ao depósito por transmissão estrutural nos pontos onde a estrutura do núcleo está fixada ao depósito. A vibração da superfície do tanque e do solo irradia o som para o ar exterior [23].

3.3 Causas, efeitos e métodos de atenuação de Som do transformador

As causas e os efeitos do som do transformador são estudados e várias medidas corretivas propostas para a atenuação do som do transformador são apresentadas na Tabela I [24].

Cause	Effect	Mitigation Measures
Magnetostriction in core laminations	Core laminations vibrate at various frequencies giving rise of humming noise	- Superior grade CRGO sheets - Quality of laminations - Lower operating flux density - Better clamping - Core joint type
Tank Vibrations	Induced Vibrations in tank walls	- Use of stiffners - Reduction of stray flux - Use of sound absorbing panels on tank walls - Use of sand in hollow stiffeners for damping sound
Magnetostriction in magnetic wall shunts	Shunt laminations vibrate at various frequencies under the influence of leakage flux	- Proper clamping and tightening of wall shunts - Appropriate wall shunts size to avoid saturation
Cooling fans	Cooling air produces vibrations	- Use of low speed fan, say upto 750 rpm - Reduced no. of fan blades - Special blade design - Improved mounting - Use of silencers
Oil Pumps	Pump-motor vibrations	- Improved alignment - Proper mounting arrangement - Better lubrication of pump motor
Installation	Ground-borne vibrations	- Correct foundation level reduces tank vibration - Proper fastners on foundation bolts - Isolation of transformer foundation from other equipment foundation

Tabela I: Causas, efeitos e medidas de mitigação para o som do transformador

Capítulo 4

Medição do nível sonoro em Transformadores de potência

4.1 Métodos de medição do nível sonoro

As medições do nível de pressão sonora foram desenvolvidas para quantificar as variações de pressão no ar que o ouvido humano pode detetar. A perceção do volume de um sinal depende da sensibilidade do ouvido humano ao seu espetro de frequência. Os instrumentos de medição modernos processam sinais sonoros através de redes electrónicas, cuja sensibilidade varia com a frequência de uma forma semelhante à do ouvido humano.

A potência sonora é o parâmetro utilizado para classificar e comparar fontes sonoras. A potência sonora pode ser calculada a partir da pressão sonora ou da intensidade sonora, conforme referido no capítulo 1. As medições da intensidade sonora têm as seguintes vantagens em relação às medições da pressão sonora [5].

i) Um medidor de intensidade responde apenas à parte propagante de um campo sonoro e ignora qualquer parte não propagante, por exemplo, ondas estacionárias e reflexões.

ii) O método da intensidade reduz a influência das fontes sonoras externas, desde que o seu nível sonoro seja relativamente constante.

iii) O método da pressão sonora tem em conta os factores acima referidos através da correção do som de fundo e das reflexões [5].

iv) A intensidade sonora é o produto médio no tempo da pressão sonora p" e da velocidade da partícula V[4].

$$I = p \times v \qquad (4.1)$$

v) Em que, I=Intensidade, p=pressão, v=velocidade

Verifica-se que, quando convertida em potência sonora, a medição da intensidade sonora conduz a valores 2 a 3 dB inferiores em comparação com a medição da pressão sonora.

Conforme relatado em [4], em medições efectuadas em 30 transformadores na gama de 0,1 a 350 MVA, foi estabelecida uma diferença média de 3,8dB (A) entre os valores de medição da pré-segurança e da intensidade.

4.2 Procedimento normalizado para o nível sonoro Medição de acordo com as normas

As normas internacionais IEC 60076-10 e a norma IEEE C57.12.90-1993 estabelecem o procedimento padrão para a medição do nível sonoro em transformadores. Alguns dos pontos mais importantes são extraídos das normas e apresentados aqui para introduzir o assunto.

Nível de pressão sonora ambiente

Os níveis de pressão sonora ambiente são medidos imediatamente antes e imediatamente após as medições de som com o transformador energizado. O som ambiente deve ser medido em pelo menos quatro locais. Poderão ser efectuadas medições adicionais se as medições ambientais variarem mais de 3 dB em torno do transformador. Pelo menos um dos locais para a medição dos níveis de pressão sonora ambiente deve estar situado em

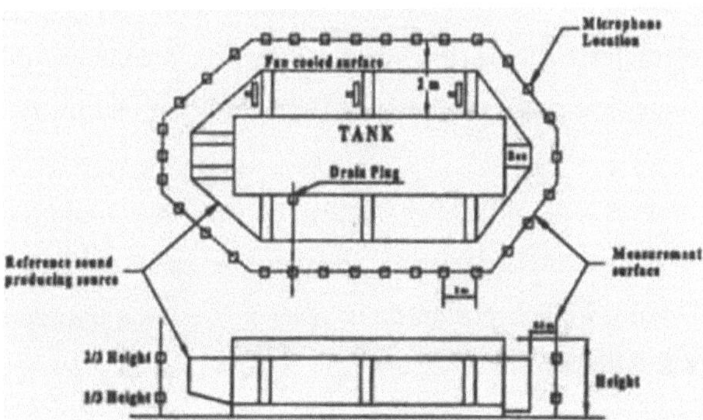

Figura 4.1: Localização do microfone para medição do som audível em transformadores

o centro de cada face da superfície de medição.

Superfície de produção de som de referência

A superfície produtora de som de referência de um transformador é uma superfície vertical que segue o contorno de uma corda esticada à volta da periferia do transformador ou do invólucro integral. O contorno deve incluir radiadores, refrigeradores, tubos, componentes de comutação e câmaras de terminais, mas exclui casquilhos e extensões menores, tais como válvulas, medidores de óleo, termómetros, caixas de terminais e projecções à altura da tampa ou acima dela.

Primeira posição de medição

A primeira localização do microfone deve coincidir com a válvula de drenagem principal. As localizações adicionais dos microfones devem ser feitas a intervalos de 1 m na direção horizontal, seguindo no sentido dos ponteiros do relógio na superfície de medição.

Localização dos microfones em relação à superfície produtora de som

O microfone deve estar localizado na superfície de medição. De acordo com a norma IEEE C57.12.90-1993, o microfone deve estar a 0,3 m de distância da superfície produtora de som de referência (superfície principal de irradiação do som). Quando as ventoinhas estiverem a funcionar, o microfone deve estar localizado a 2 m de distância de qualquer parte do radiador, refrigeradores ou tubos de arrefecimento arrefecidos por ar forçado. De acordo com a norma CEI 60076-10, para medições efectuadas com arrefecimento por ar forçado com os auxiliares fora de serviço, o contorno prescrito deve ser afastado 0,3 m da superfície radiante principal e, quando estes estiverem em serviço, o contorno prescrito deve ser afastado 2 m da superfície radiante principal. Deve haver um mínimo de seis posições de microfone.

Geralmente, o nível sonoro é medido a partir da superfície produtora de som, a uma distância de 0,3 m para a ONAN e de 2 m para o restante esquema de arrefecimento. Quando a distância do microfone é o dobro, a queda no nível de pressão sonora será de 6 dB [12]. A fórmula seguinte é utilizada para o cálculo do nível sonoro a diferentes distâncias da superfície emissora de som.

$$L_P(d_1) = L_P(d) - 20\log(\frac{d_1}{d}) \qquad (4.2)$$

em que, d=distância de medição de referência (m), d_1=distância de medição pretendida (m)

Altura das localizações do microfone

De acordo com a norma IEEE C57.12.90 -1993 e a norma IEC-60076-10, para os transformadores com uma altura total do tanque ou do invólucro inferior a 2,4 m e 2,5 m, respetivamente, as medições devem ser efectuadas a meia altura. Para os transformadores com uma altura total do tanque ou da caixa igual ou superior a 2,4 m, as medições devem ser efectuadas a um terço e a dois terços da altura. A medição do ruído do sistema de arrefecimento deve ser efectuada apenas em locais a meia altura.

4·3 Factores de correção

A medição deve ser efectuada num ambiente com um nível de pressão sonora ambiente pelo menos 5 dB (de acordo com a norma IEEE) ou 3 dB (de acordo com a norma IEC-551 e o manual CBIP) abaixo do nível de pressão sonora medido do transformador. Quando o nível de pressão sonora ambiente for 3 dB ou mais abaixo do nível sonoro medido do transformador, as correcções devem ser aplicadas ao nível de pressão combinado do transformador e do ambiente para obter o nível de pressão sonora do transformador. Os vários factores de correção, tal como definidos no IEEE, IEC-551 e no manual CBIP, são reproduzidos abaixo nos quadros I, II e III. As medições efectuadas em transformadores com uma diferença de nível sonoro ambiente inferior a 3 dB não são válidas.

Difference between Combined and Background Sound-dB	Correction to be Subtracted-dB
5	1.6
6	1.3
7	1.0
8	0.8
9	0.6
10	0.4
Above 10	0.0

Tabela I: Factores de correção do nível sonoro de acordo com IEEE C57.12.90

Difference between Combined and Background Sound-dB	Correction to be Subtracted-dB
3	3
4-5	2
6-8	1
9-10	0.5

Quadro II: Factores de correção do nível sonoro de acordo com a norma IEC-551

Difference between Combined and Background Sound-dB	Correction to be Subtracted-dB
3	3
4-5	2
6-8	1

Tabela III: Factores de correção do nível sonoro de acordo com os manuais CBIP

4.4 Medição do nível sonoro em diferentes escalas

Tal como referido no capítulo 1, existem três escalas para as medições do nível sonoro. A fim de compreender a diferença e verificar a explicação dada anteriormente sobre a razão pela qual as medições do nível sonoro são especificadas de acordo com a escala ponderada A, foram efectuadas medições do nível sonoro com as escalas ponderadas A e C num transformador de potência de 10 MVA, 110/33/11 kV, trifásico, 50 Hz.

Test	Measured Sound level (corrected)
Background	60.8 dB(A)
No-load Condition	63.4 dB(A)
No-load Condition	72.4 dB(C)
Load Condition	61.8 dB(A)

Tabela IV: Medição do nível sonoro em diferentes escalas

Da experiência acima descrita, conclui-se que: a) o nível sonoro é elevado na escala de ponderação C em comparação com o da escala de ponderação A, porque a escala de ponderação C inclui sons de frequência mais baixa, que não podem ser detectados pelo ouvido humano. (b) A escala ponderada A é geralmente aceite para a medição do ruído de transformadores, porque o objetivo é medir o nível sonoro de frequência dentro da banda que pode ser detectada pelo ouvido humano. (c) O nível sonoro em carga, quando excitado à tensão de impedância durante os ensaios de funcionamento, é significativamente inferior ao nível sonoro em vazio.

Capítulo 5

Mitigação do som do transformador

A emissão sonora do transformador pode ser economicamente reduzida para níveis aceitáveis, de modo a cumprir os requisitos contratuais, através da adoção de medidas corretivas na fase de conceção e fabrico. Além disso, o nível sonoro pode ser efetivamente suprimido através de várias medidas externas. Estes aspectos são discutidos em pormenor neste capítulo.

5.1 Medidas de atenuação do ruído

Controlos de conceção

a. Folhas de CRGO com baixa magnetostricção

b. Menor densidade de fluxo

c. Utilização da construção de núcleos escalonados

d. Utilização de cintas de resina de fibra de vidro em vez de parafusos com núcleo ou de dispositivos de fixação aparafusados

e. Utilização de reforços do tipo nervura

f. Utilizar ventoinhas de arrefecimento de velocidade lenta

g. Disposições de aperto adequadas nas extremidades da forquilha superior

h. Utilização de tirantes de curvatura

i. Disposição correta do suporte de aperto da forquilha

j. Colocação de almofadas anti-vibração por baixo dos pés do conjunto bobina-núcleo

Controlo através de processos de fabrico

a. Montagem melhorada da ventoinha de arrefecimento

b. Utilizar um número adequado de torneiras de resina de vidro, ligando os membros e a forquilha, especialmente na zona das janelas

c. Aplicação de adesivo nos bordos de laminagem do núcleo construído

d. Prever amortecedores em todas as ligações mecânicas

e. Fixação e aperto adequados da laminação do núcleo e da bobina do transformador

f. Utilização de vigas de fixação transversal com ranhuras

Supressão de som através de medidas externas

a. Utilização de areia nos reforços ocos

b. Utilização de painéis de absorção acústica nas paredes dos reservatórios com radiação sonora

c. Utilização de material de amortecimento entre os reforços

d. Utilização de almofadas anti-vibração entre o reservatório e o solo (no local de instalação)

5.2 Atenuação da produção sonora

5.2.1 Controlos de projeto para o nível sonoro em vazio

Algumas das medidas de conceção para controlar o nível sonoro gerado pelo núcleo do transformador são discutidas a seguir.

A. Densidade do fluxo

Verifica-se que uma variação de 10 por cento na densidade do fluxo em relação ao valor nominal produz, em média, uma diferença de cerca de 2 a 3 dB(A).

A densidade do fluxo pode ser reduzida aumentando a área da secção transversal do núcleo com um volume/volta constante ou reduzindo o volume/volta com uma área constante do núcleo. A espessura da folha de laminação pode ser aumentada para reduzir o efeito de magnetostricção.

A maior parte do som transmitido por um núcleo provém principalmente da região do jugo, uma vez que o som do limbo é efetivamente amortecido pelos enrolamentos circundantes (cobre e material de isolamento) em torno do limbo. O diâmetro do enrolamento aumenta com o aumento do diâmetro do núcleo e, se o diâmetro do enrolamento for superior a 6 m, a vibração radial será visível [17]. Com base no que precede, foram efectuados estudos analíticos aumentando a área da secção transversal das bobinas superior e inferior.

Assim, existem três métodos estudados para controlar o nível sonoro na fase de projeto através da redução da densidade do fluxo: (1) Aumento da área do núcleo com tensão/volta constante (Método-I) (2) Redução da tensão/volta com área do núcleo constante (Método-II) (3) Aumento da área da secção transversal da forquilha com tensão/volta constante (Método-III).

Estudo analítico

Para efeitos de realização do estudo analítico, foi identificado um transformador de potência de 160 MVA, 220/132/33 kV, trifásico, 50 Hz. Para estudar a influência da alteração da densidade de fluxo em 10% do valor original no nível sonoro, foram escolhidas três opções de projeto diferentes. Os resultados obtidos foram comparados com o projeto de referência e apresentados na Tabela I. Os méritos e deméritos associados aos três métodos são apresentados na Tabela II.

A partir dos quadros I e II supra, é evidente que o método III oferece a conceção mais económica com um nível sonoro inferior ao dos métodos I e II. Os estudos analíticos efectuados requerem uma validação prática.

A variação do nível sonoro em função da densidade de fluxo foi calculada utilizando a equação 5.1.

Sr. No.	Design Parameter	Reference Design	Modified Design Method-I	Modified Design Method-II	Modified Design Method-III
1	Core dia. (mm)	610	679	610	643
2	Flux density (T)	1.7	1.53	1.53	1.53
3	Volt/turn	100.86	100.86	90.77	100.86
4	No.of winding turns HV common LV	 2X428 756 327	 2X428 756 327	 2X476 840 363.33	 2X428 756 327
5	Core material Grade	MOH	M4	M4	M4
6	Lamination thickness (mm)	0.27	0.3	0.3	0.3
7	Core weight (Tones)	30.06	37.61	33.39	33.50
8	Specific loss (W/kg)	1	0.9	0.9	0.9
9	No-load loss (kW)	31.85	35.87	31.85	31.95
10	Winding weight (Tones)	27.82	27.82	30.899	27.82
11	I2R loss (kW)	79.64	79.64	86.94	79.64
12	Capitalized cost(Lacs)	145.38	150.156	147.74	132.71
13	Expected sound level reduction in dB(A)	-	2.1	2.92	2.9

Tabela I: Redução do nível sonoro para diferentes projectos

$$O_p = 10\log\left(\left(\frac{B2}{B1}\right)^{8}\left(\frac{W2}{W1}\right)^{1.6}\right) \tag{5.1}$$

em que, B1,W1=densidade de fluxo de referência e peso do núcleo, B2,W2=densidade de fluxo desejada e peso do núcleo.

A equação acima mostra que a densidade de fluxo é um fator dominante para o controlo do nível sonoro do que o peso do núcleo e, por conseguinte, uma densidade de fluxo reduzida permite obter um nível sonoro baixo com um peso do núcleo ligeiramente superior.

Design Method	Advantage	Disadvantage
Method-I	Low flux density Increased lamination sheet thickness	Increased cost Increased No-load loss Increased core and winding weight
Method-II	Low flux density Increased lamination sheet thickness	Increased cost Increased and winding core weight Increased I2R loss
Method-III	Low flux density Increased lamination sheet thickness Low cost	Increased core weight

Quadro II: Comparação das diferentes opções de conceção

B. Construção do núcleo

Existem muitos tipos de configurações de núcleo. No entanto, existem algumas caraterísticas comuns em termos de juntas de canto de núcleo.

Os três tipos de juntas de canto mais utilizados são: (a) juntas intercaladas; (b) juntas mitradas; e (c) juntas em degraus.

Normalmente, tendemos a relacionar o tipo de juntas do núcleo com as perdas do núcleo. No entanto, as alterações de magnetostricção no comprimento e as forças magnéticas que surgem nas regiões de junção do núcleo provocam vibrações no núcleo, dando origem a ruído. Por conseguinte, é relevante discutir aqui os tipos de juntas de núcleo e a sua influência no ruído.

As juntas intercaladas, como se mostra na fig. 5.1, são as mais simples e são normalmente preferidas apenas para transformadores de pequena potência, em que a perda total do núcleo é muito pequena.

As juntas de mitra ou as juntas de núcleo de passo simples consistem em disposições de sobreposição de 45 graus nos cantos, como mostra a figura 5.2. Neste tipo de disposição, o fluxo magnético que sai/entra nas juntas encontra um caminho suave para a sua permeabilidade. Este é o tipo de junta mais comummente utilizado.

Os núcleos de lamelas são constituídos por várias lamelas cortadas com comprimentos diferentes. As configurações de núcleos escalonados incluem, por exemplo, no caso de um núcleo escalonado de 5 etapas, 5 laminações de diferentes

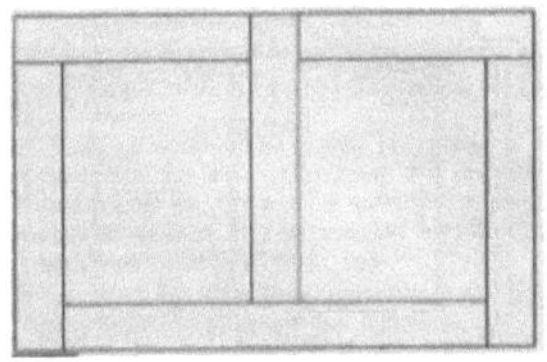

Figura 5.1: Juntas intercaladas

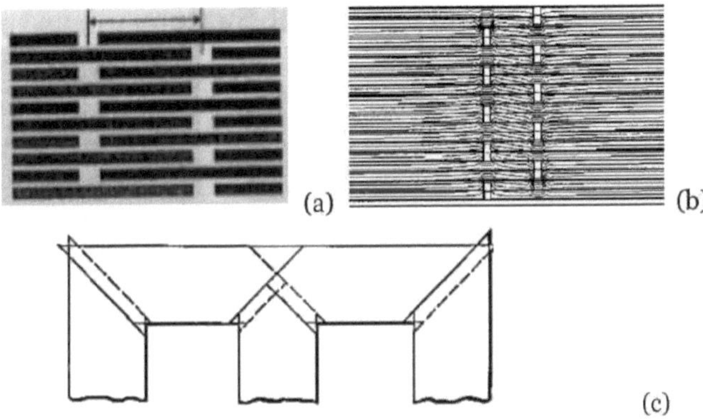

Figura 5.2: Juntas com rebaixos: (a) Vista da secção transversal (b) Distribuição do fluxo (c) Vista frontal

sendo cada laminação sucessiva ligeiramente mais comprida do que a anterior por uma sobreposição escalonada específica de, por exemplo, 2, 4 ou 6 mm. Esta disposição, tal como se mostra na figura 5.3, conduz geralmente a um desempenho magnético e sonoro muito melhor do que as juntas de sobreposição mitrada, o que se considera dever-se a menos forças inter-laminares que surgem nos núcleos com múltiplos furos. Este tipo de núcleo com 5 ou 7 degraus está a ser cada vez mais aceite devido à redução da perda de núcleo e do ruído (ver fig. 5.4). Segundo consta, a redução do ruído é, em média, da ordem dos 4 dB [17].

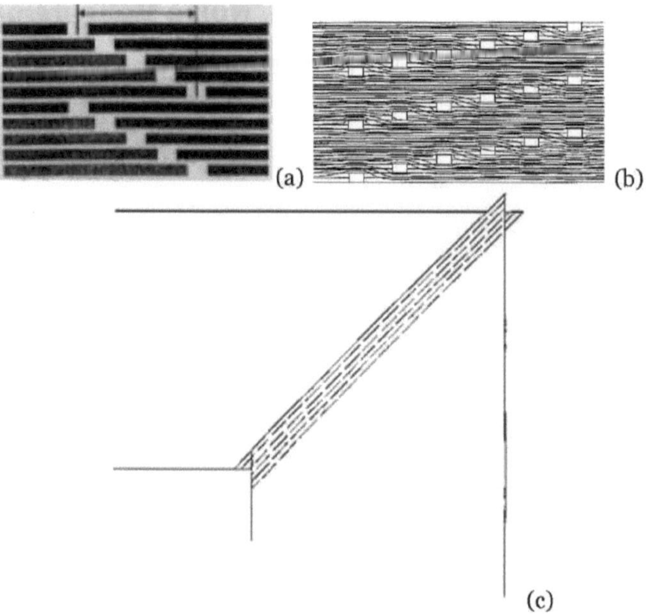

Figura 5.3: Juntas de encaixe: (a) Vista da secção transversal (b) Distribuição do fluxo (c) Vista frontal

C. Fixação do núcleo

Para reduzir o ruído do transformador, as lamelas são fixadas umas às outras. Para uma fixação eficaz das lâminas da perna do núcleo, são utilizadas placas Flitch feitas de aço em ambos os lados de cada perna. Estas placas são suficientemente fortes do ponto de vista mecânico para evitar a encurvadura e a flexão das laminações e são capazes de suportar a carga de elevação do núcleo e dos enrolamentos. Sobre as placas de fixação, são colocadas fitas de fibra de vidro com 50 mm de largura à volta das pernas.

Para uma fixação eficaz das laminações de jugo, é utilizado um sistema de fixação de jugo aparafusado ou de jugo sem parafusos. Na fixação por forquilhas aparafusadas, são utilizadas estruturas de fixação de forquilhas feitas de aço em ambos os lados das forquilhas superior e inferior e toda a estrutura do núcleo e da estrutura é devidamente fixada através de parafusos de forquilha em várias posições. Enquanto que na disposição de fixação da forquilha sem parafusos, as forquilhas superior e inferior são fixadas através de estruturas de extremidade com a ajuda de fitas de resiglass de 40 mm de largura em várias posições [26].

A pressão de aperto sobre o núcleo deve ser adequadamente distribuída de modo a que não fique nenhum comprimento apreciável do núcleo por apertar. Se os membros/pikes forem fixados com fitas de resina de vidro ou de fibra de vidro, o passo (distância entre duas fitas) deve ser pequeno para que seja aplicada uma pressão uniforme adequada.

O efeito da pressão de aperto no som do transformador foi avaliado para um núcleo trifásico de 5 passos com sobreposição de 6 mm, constituído por material CGO de 27M3. Observa-se que uma pressão excessiva resulta num aumento do nível sonoro [16], como mostra a figura 5.4

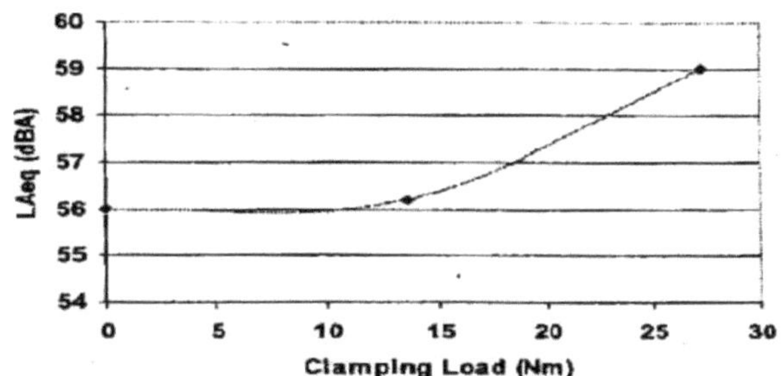

Figura 5.4: Efeito da pressão de aperto no nível sonoro

5.2.2 Controlos de projeto para o nível sonoro de carga

O ruído do enrolamento é apenas alguns dB inferior ao ruído do núcleo e pode mesmo excedê-lo se a densidade do fluxo à tensão nominal for inferior a 1,4 T [17], como mostra a fig. 5.5.

Até à data, não foram especificadas quaisquer medidas eficazes para reduzir o ruído do enrolamento. Uma possibilidade teórica consiste em reduzir a elasticidade de um enrolamento através de materiais isolantes com um módulo de elasticidade dinâmico elevado e através de uma conceção adequada da montagem do enrolamento[i7] .

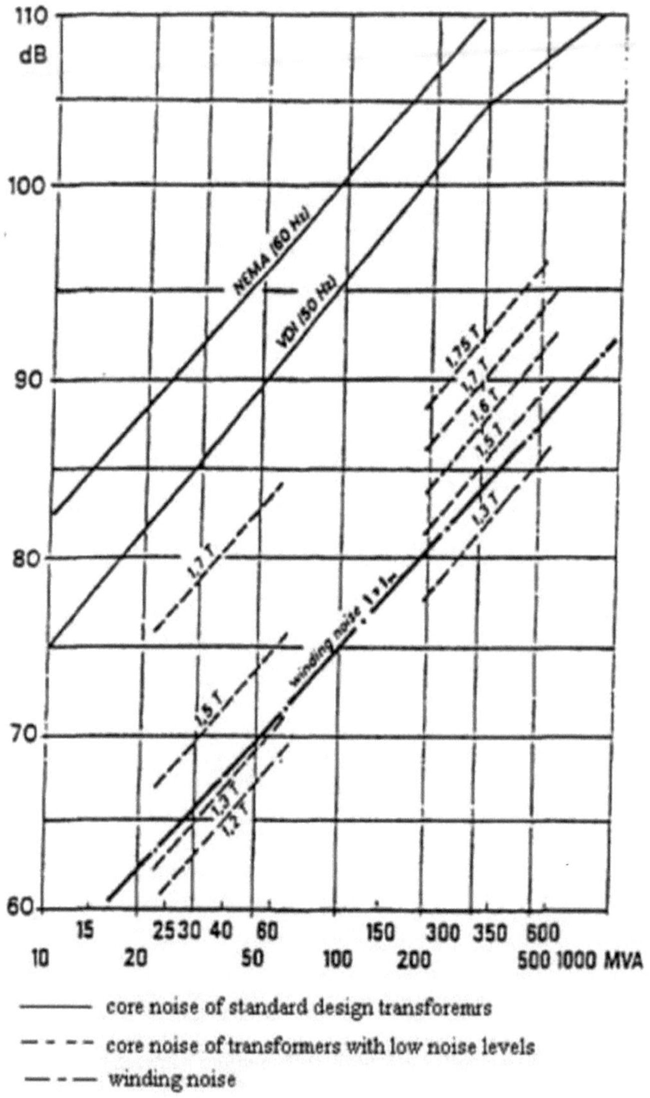

Figura 5.5: Classificação do transformador (MVA) vs. Nível sonoro (dB) (som do núcleo e do enrolamento)

O tipo de enrolamento, a disposição do enrolamento, a densidade da corrente, as blindagens/convectores do depósito e os parâmetros de conceção do depósito têm um efeito significativo na magnitude do nível sonoro da carga. Um extenso trabalho de desenvolvimento resultou nas seguintes medidas de redução do ruído em carga [18]:

5.2.2.1 Utilizar concepções de enrolamentos que, genericamente, permitam magnitudes inferiores de densidade de fluxo de fuga

5.2.2.2 Evitar a ressonância do enrolamento

5.2.2.3 Conceção melhorada do reservatório com propriedades de radiação sonora inferiores

5.2.2.4 Caixas acústicas que cubram a totalidade do reservatório

5.2.3 Ventiladores de arrefecimento

Os ventiladores de arrefecimento são utilizados para além dos radiadores para o esquema de arrefecimento ONAF para satisfazer os requisitos do cliente. Normalmente, as ventoinhas de 18 polegadas, 24 polegadas e 36 polegadas são utilizadas como ventoinhas de arrefecimento para transformadores de potência. As ventoinhas de 18 e 24 polegadas de diâmetro são geralmente montadas ao lado do radiador do transformador, como mostra a fig. 5.6, e as de 36 polegadas de diâmetro são montadas por baixo do radiador, como mostra a fig. 5.7.

Figura 5.6: Ventoinhas de arrefecimento montadas na parte lateral dos radiadores

Figura 5.7: Ventoinhas de arrefecimento por baixo dos radiadores

Os dados relativos às ventoinhas de arrefecimento disponíveis no mercado são apresentados na figura 5.8. Os ventiladores de arrefecimento adequados serão selecionados para satisfazer os requisitos de nível sonoro do cliente.

Geralmente, são utilizadas ventoinhas de arrefecimento de 18 e 24 polegadas de diâmetro, com uma velocidade de 900-950 rpm e o seu nível sonoro situa-se entre 64-65 dB(A), dependendo da sua conceção. Como o nível sonoro produzido pelas ventoinhas depende da velocidade, da varredura e do fornecimento de ar, o som das ventoinhas de arrefecimento pode ser reduzido reduzindo a velocidade da ventoinha para 750 rpm, escolhendo um pequeno número de pás de secção apropriada, utilizando um suporte elástico para a ventoinha e uma localização aerodinâmica adequada [12].

5.3 Atenuação da transmissão sonora

5.3.1 Controlo interno

Tal como referido na secção 3.2, existem formas de amortecimento da transmissão do som interior: transmissão aérea e transmissão estrutural.

A almofada antivibração é utilizada por baixo dos pés do conjunto do núcleo para reduzir a transmissão do som da estrutura para o reservatório. Reduz as vibrações do reservatório, limitando as vibrações do núcleo a si próprio através da almofada anti-vibração e, consequentemente, o nível sonoro.

KRENZ-VENT					
FAN DIA. (inch)	FAN DIA. (mm)	KW	RPM	Air Flow (m3/h)	dB(A)
24	610	0.1	850	6600	50.2
		0.1	1140	8820	58.8
		0.4	1750	1750	71.4
		-	-	-	-
26	660	0.1	850	6840	47.5
		0.1	1140	9540	56.5
		0.4	1750	14460	70
		-	-	-	-
26D	660	0.1	850	8940	50.9
		0.3	1140	12600	61.6

KHAITAN ELECTRICAL LIMITED.						
FAN DIA. (inch)	FAN DIA. (mm)	Watts	Phase	RPM	Air Flow (m3/h)	dB(A)
18	450	132	Single	900	4340	56-60
		370	Single	1400	6800	64-65
		132	Three	900	4340	56-60
		370	Three	1400	6800	64-65
24	600	240	Single	700	7900	56-60
		500	Single	900	10450	64-65
		240	Three	700	7900	56-60
		500	Three	900	10450	64-65
36	900	700	Three	550	22100	66-67
		1200	Three	700	28000	66-67

GENERAL ELECTRIC COMPANY						
FAN DIA. (inch)	FAN DIA. (mm)	Watts	Phase	RPM	Air Flow (m3/h)	dB(A)
18	457	132	Single	900	4340	56-60
		370	Single	1400	6800	64-65
		132	Three	900	4340	56-60
		370	Three	1400	6800	64-65
24	610	240	Single	700	7900	56-60
		500	Single	900	10450	64-65
		240	Three	700	7900	56-60
		500	Three	900	10450	64-65
36	915	700	Three	550	22100	66-67
		1200	Three	700	28000	66-67

CALIFORNIA TURBO INC.					
FAN DIA. (inch)	Watts	Phase	RPM	Air Flow (m3/h)	dB(A)
18	124	Single	-	1842	48
	156	Single	-	2478	54
	124	Three	-	1842	48
	186	Three	-	2478	54
24	93	Single	-	2613	48
	124	Single	-	2755	53
	373	Three	-	3325	58
	93	Three	-	2613	48
	124	Three	-	2755	53
	373	Three	-	3325	58

ebm-NADI internatinal Pvt. Ltd.					
FAN DIA. (inch)	Watts	Phase	RPM	Air Flow (m3/h)	dB(A)
350	135	Three	1420	3340	64
	132	Three	1365	3250	64
	-	-	-	-	-
400	135	Three	1450	4000	68
	160	Three	1430	4235	69
	-	-	-	-	-
450	390	Three	1000	5990	-
	585	Three	1330	6800	-
	480	Three	1350	6800	-
	-	-	-	-	-

Figura 5.8: Diferentes tipos de ventoinhas de arrefecimento

A solução ideal seria colocar amortecedores em todas as ligações mecânicas e revestir o interior do tanque com um material absorvente (como o papelão).

5.3.2 Controlo externo

Algumas das medidas de controlo do som que envolvem a atenuação do som transmitido são descritas a seguir.

A. Material de amortecimento entre os reforços

A maior parte da energia sonora, gerada pelo núcleo, é transmitida para o tanque. A adição de reforços na superfície do tanque reduz o tamanho da superfície de vibração individual. A cobertura da superfície do tanque emissor de som absorve o som, reduzindo assim a sua intensidade.

B. Proteção contra o ruído

Quando um transformador é instalado perto da linha de fronteira de uma central/subestação eléctrica, ou quando estão instalados vários transformadores na mesma estação, pode ser necessário amortecer o som do transformador através da instalação de caixas, como se mostra na fig. 5.9.

Construção ofNoise Enclosure [22]

I. Recinto do tipo cortina: As paredes laterais do tanque do transformador são cobertas com painéis de chapa de aço em torno da sua circunferência exterior. Os interiores das chapas de aço são revestidos com material absorvente de som para evitar a acumulação de som.

II. Proteção acústica com painéis de aço: As paredes laterais e as tampas do tanque do transformador são totalmente cobertas com painéis de chapa de aço. A construção soldada é utilizada em toda a montagem dos painéis de chapa de aço para minimizar o ruído, resultando num elevado efeito de proteção contra o ruído.

III. Recinto acústico com painel de betão: As paredes laterais e as tampas do tanque do transformador são inteiramente cobertas por um recinto acústico constituído por betão e chapa de aço combinados. Dado que a massa do painel de betão é superior à da chapa de aço, o isolamento acústico com painel de betão consegue uma maior redução do ruído do que o isolamento acústico com painel de aço.

Figura 5.9: Recinto acústico com painel de aço e painel de betão

IV. Proteção acústica em betão: As paredes laterais e as tampas dos reservatórios dos transformadores são inteiramente cobertas por uma parede de betão armado. Esta construção proporciona o maior efeito de redução do ruído.

C. Transmissão de som a partir do solo

O som e a vibração dos grandes transformadores também são transmitidos através do solo. As vibrações transmitidas pelo solo fazem vibrar as estruturas adjacentes, que podem depois amplificar e retransmitir o som. Estes efeitos podem ser reduzidos colocando o transformador em suportes anti-vibração - tiras de borracha ou outro material resiliente. O material de amortecimento também pode ser colocado entre a fundação do transformador e outros equipamentos para reduzir a transmissão do som transmitido pelo solo.

5·3·3 Supressão ativa de ruído

A supressão ativa de ruído é tentada para atingir 100 por cento de cancelamento do ruído transmitido. Nesta técnica, o ruído anti-fase é gerado e sobreposto ao ruído emitido pelo transformador. A figura 5.1 abaixo mostra o princípio do controlo ativo do ruído. A redução do ruído utilizando esta técnica dependerá da área da fonte de ruído e do número de unidades instaladas perto do transformador. Além disso, requer instrumentação e meios computacionais muito sofisticados. Os principais problemas desta abordagem consistem em dispor de um número suficiente de altifalantes e microfones em posições adequadas, para cancelar o ruído emitido pelo transformador. Os estudos de casos experimentais em transformadores não produziram os resultados derivados, excluindo assim a sua viabilidade prática para aplicação em transformadores.

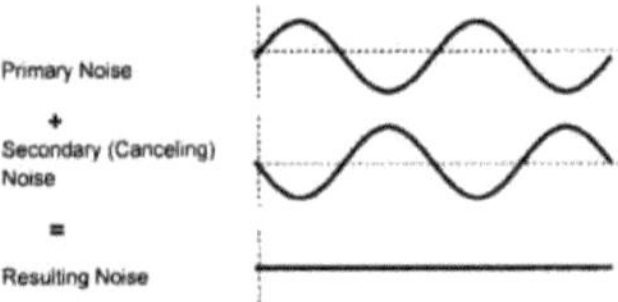

Figura 5.10: Princípio do controlo ativo do ruído

Capítulo 6

Estudos de caso

O trabalho de dissertação centra-se no seguinte

i Estimativa exacta do nível sonoro do transformador na fase de projeto

ii Estudo dos aspectos de fabrico para a redução do nível sonoro

iii Investigação experimental

6.1 Estimativa do nível sonoro do transformador em De sinal Fase

Os projectistas de transformadores utilizam diferentes fórmulas empíricas para estimar o nível sonoro do transformador. Idealmente, as fórmulas empíricas de base deveriam ter em consideração parâmetros como a densidade do fluxo, a construção do núcleo, o peso do núcleo, o grau de CRGO, o perímetro do contorno de medição do som, o esquema de arrefecimento, etc., que têm influência direta no nível sonoro do transformador. No entanto, a multiplicidade de variantes de conceção dificulta a incorporação do efeito de todos os parâmetros para permitir a estimativa exacta do nível sonoro. Por conseguinte, a fim de calibrar os resultados calculados utilizando os métodos existentes de cálculo dos níveis sonoros (ver Quadro I), os resultados ensaiados de 26 transformadores de diferentes classificações na gama de 30 a 160 MVA foram comparados com os resultados estimados (ver fig. 6.1), analisadas as lacunas e desenvolvidos alguns novos factores constantes para corrigir as fórmulas empíricas existentes.

São recolhidos os dados do transformador de potência, tais como a capacidade (MVA), a classe kV, o diâmetro do núcleo, a densidade do fluxo, o grau e a espessura da laminação CRGO, o tipo de junta do núcleo, o peso do núcleo e o perímetro do contorno de medição.

Empirical formulae	Input Parameters
Method-I	No-load losses
Method-II	Flux density, Core weight
Method-III	Flux density, Core weight, Perimeter of measurement contour

Tabela I: Métodos de estimativa do nível sonoro e dos parâmetros de entrada

Observações:

a As perdas em vazio calculadas estão em boa concordância com os resultados testados, como mostra a figura 6.2.

b A partir da comparação dos valores do nível sonoro calculados pelos métodos empíricos existentes e os valores ensaiados, conforme apresentado na figura 6.3, observa-se que os valores calculados pelos métodos I e II não estão em boa concordância com os resultados ensaiados.

c O método-III produz um nível sonoro que parece estar mais próximo dos valores testados, mas ainda precisa de ser modificado para obter um nível sonoro exato na fase de projeto.

A fim de modificar o método-III existente, foram estudados os vários parâmetros de conceção do transformador susceptíveis de ter impacto no nível sonoro. Com base nisso, os factores empíricos foram modificados de modo a ter em conta o impacto da junta do núcleo (Mitered, Step-lap), do grau CRGO (M4, MOH) e do perímetro do contorno de medição. Os níveis sonoros foram recalculados utilizando a fórmula empírica modificada e os resultados foram considerados razoavelmente mais próximos dos resultados testados dentro da tolerância de 1,5 a 2 dB(A).

Sr. No.	MVA Rating	kV class	Design parameters						Theoritical Results				Tested Results		
			Core joints	CRGO Grade		Bm (T)	Mass of core(kg)	Contour of sound radiating surface (m)	No-load loss(kW)	Sound level dB(A)			No-load loss(kW)	Back Ground Sound level dB(A)	Sound level dB(A)
				Grade	Thickness (mm)					Method-I	Method-II	Method-III			
1	100	220/66/33	Mitred	M4	0.27	1.60	49037	38.07	52.49	79.40	79.05	75.05	54.45	66.9	72.15
2	100	220/66	Mitred	MOH	0.27	1.60	53750	34.42	46.71	78.39	79.69	75.18	47.19	63.64	70.81
3	100	220/66/11	Mitred	M4	0.27	1.60	52761	33.04	56.47	80.04	79.56	75.66	56.616	66.43	71.37
4	160	220/132/33	Mitred	M4	0.27	1.60	38987	35.78	41.32	77.32	77.25	74.48	43.44	65.2	71.9
5	160	220/132/11	Mitred	MOH	0.27	1.50	37575	35.52	27.87	73.90	75.00	73.41	29.56	66.62	73.82
6	160	220/132/33	Mitred	MOH	0.27	1.596	39490	30.08	33.90	75.60	77.34	74.36	33.735	67.2	74.11
7	160	220/132/33	Mitred	MOH	0.27	1.58	42658	42.98	36.16	76.17	77.68	71.44	32.732	66.17	72.93
8	160	220/132/33	Mitred	MOH	0.27	1.59	39490	31.46	33.90	75.60	77.34	74.47	32.579	66.17	72.93
9	100	220/132/11	Mitred	MOH	0.27	1.59	28071.2	32.84	24.10	72.64	74.97	70.97	23.144	64.76	69.7
10	100	230/110/11	Mitred	MOH	0.27	1.60	32952	36.34	28.63	74.14	76.29	71.56	28.875	68.77	74.16
11	100	220/132/11	Mitred	M4	0.27	1.60	20655	33.70	22.11	71.89	73.04	68.08	28.656	66.7	75
12	100	220/132/11	Mitred	MOH	0.27	1.53	27310.8	34.14	21.42	71.62	73.38	70.30	20.012	66.14	71.64
13	100	230/110/11	Mitred	MOH	0.27	1.61	32952	35.87	28.63	74.14	76.29	70.73	29.039	65.38	68.84
14	100	230/110/11	Step-lap	MOH	0.27	1.61	32952	36.34	28.63	74.14	76.29	71.56	28.287	60.06	68.76
15	60	220/66/11	Step-lap	M4	0.27	1.72	29792	26.22	40.73	77.20	77.99	73.72	40.959	70.7	74.3
16	40	220/11	Step-lap	M4	0.27	1.72	21805	24.13	29.81	74.49	75.82	72.61	21.419	60.22	68.76
17	40	165/7/7	Mitred	MOH	0.27	1.71	20671	27.52	22.34	71.98	75.25	70.66	22.253	65.35	69.94
18	160	220/132/33	Step-lap	MOH	0.27	1.70	29910	36.81	31.70	75.02	77.61	71.11	30.442	65.7	67.3
19	160	220/132/33	Mitred	MOH	0.27	1.58	38783	47.60	32.88	75.34	77.02	70.08	31.95	64.05	68.61
20	80	132/11.5	Mitred	MOH	0.27	1.59	36798.5	37.15	31.59	74.99	76.85	72.16	33.085	66.09	68.72
21	30	132/27.5	Mitred	M4	0.27	1.64	12343.4	22.94	14.26	68.08	70.26	67.67	14.676	71.22	72.92
22	30	66/27.5	Mitred	M4	0.27	1.64	11497.8	24.48	13.28	67.46	69.77	66.89	14.526	65.88	67.74
23	30	220/27.5	Mitred	M4	0.27	1.65	15123.5	29.37	17.63	69.92	71.87	67.70	18.849	70.28	73.11
24	160	220/132/34.5	Mitred	M4	0.27	1.70	33887	38.01	46.68	78.38	78.48	71.80	45.631	64.34	69.5
25	63	220/11.5/6.9	Mitred	MOH	0.27	1.72	29057	34.09	31.41	74.94	77.61	71.45	33.401	67.09	69.02
26	165	15/132	Mitred	M4	0.27	1.703	55117	43.20	75.93	82.61	81.86	74.60	78.633	67.8	73

Figura 6.1: Comparação dos resultados teóricos e testados dos níveis sonoros do transformador

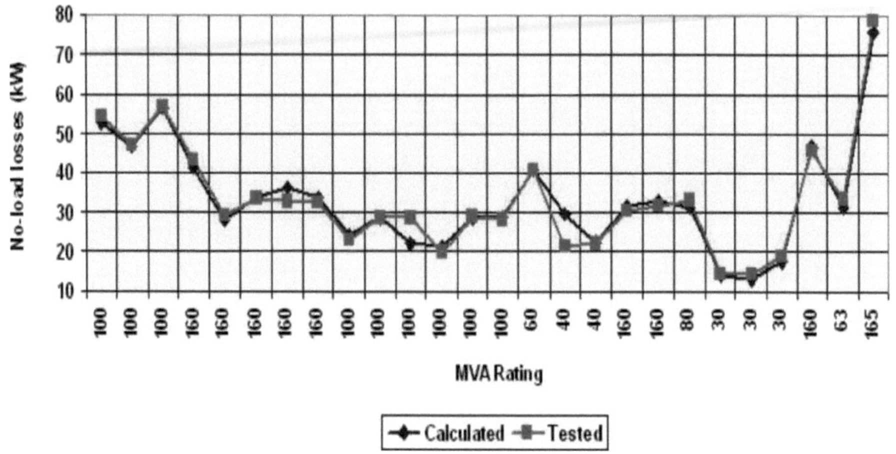

Figura 6.2: Comparação das perdas em vazio (calculadas vs. testadas)

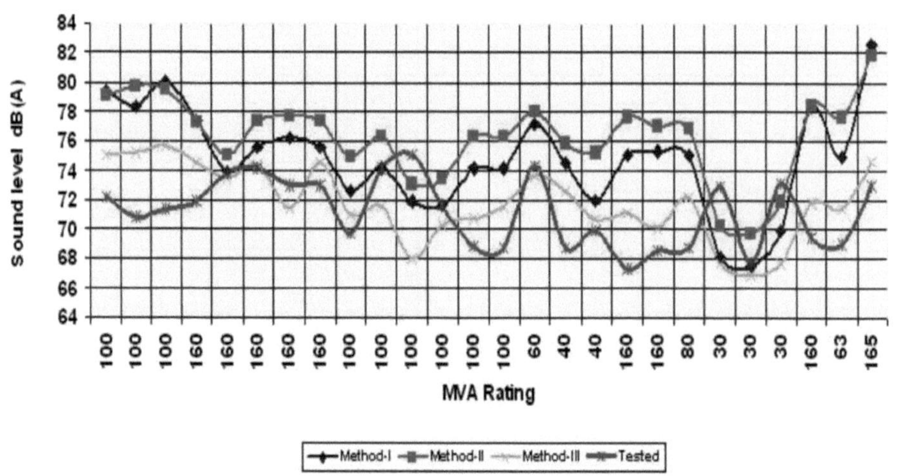

Figura 6.3: Comparação do nível sonoro (calculado por métodos empíricos vs. testado)

A comparação do nível sonoro calculado pelo método existente e pelo método modificado-III com os valores ensaiados é apresentada nos pontos 6.4 e 6.5. Observa-se que a exatidão da fórmula empírica modificada melhorou significativamente de 38 % para 73 %. Além disso, nota-se que, ao aumentar o perímetro de medição do contorno duplicando a distância da superfície principal de radiação sonora, obtém-se uma redução nominal do som de 2,5 dB(A) pela fórmula empírica modificada, contra 6 dB(A) indicados no capítulo 4.

Do que precede, pode concluir-se que o método modificado de cálculo do nível sonoro dá resultados bastante precisos e pode ser utilizado como uma ferramenta fiável para estimar os níveis sonoros para cumprir os requisitos contratuais.

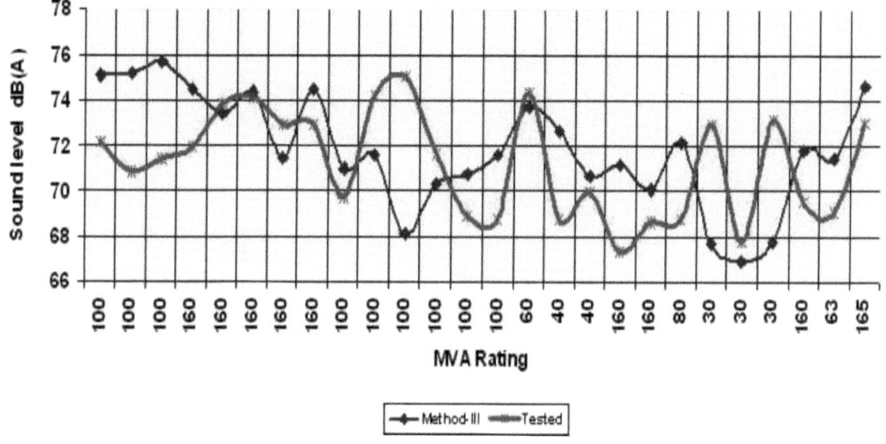

Figura 6.4: Comparação do nível sonoro (calculado pelo método-III existente vs. testado)

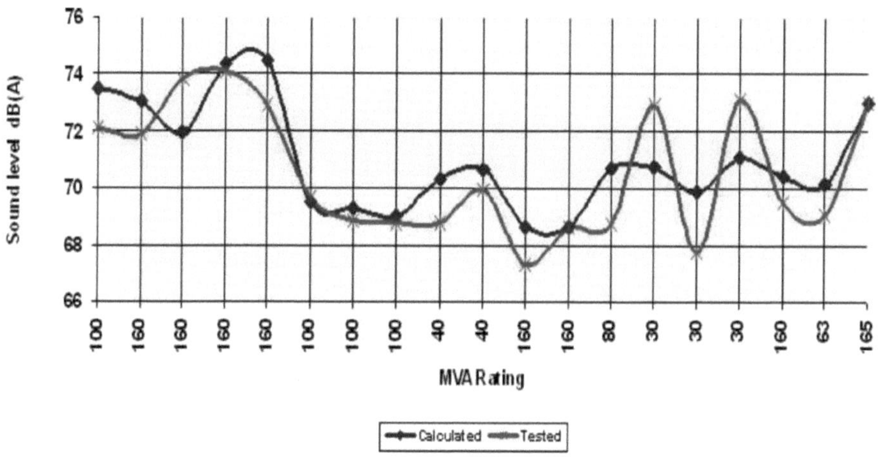

Figura 6.5: Comparação do nível sonoro (calculado pelo método modificado-Ill vs. testado)

6.2 Aspectos de fabrico do nível sonoro

Redução

O nível sonoro do transformador também depende das práticas de fabrico. São analisadas as várias práticas de fabrico que afectam o nível sonoro do transformador, nomeadamente o aperto das laminações dos membros e das jokelaminações, a aplicação de araldite nos bordos da laminação, os parafusos da jokelaminações, os tirantes de curvatura, a viga de fixação cruzada [c-bracket] na jokelaminações superior e inferior com ranhura e esquema aparafusado nas faces horizontais/verticais dos quadros e o passo da torneira de fibra de vidro nos membros. Estes dados são informação exclusiva do fabricante e, por conseguinte, não são discutidos em pormenor.

6.3 Investigações experimentais

6.3.1 Nível sonoro da carga

A medição do nível sonoro em carga foi efectuada em quatro transformadores de potência durante a medição da perda de carga na fábrica, a fim de estabelecer a influência do nível sonoro em carga no som global do transformador.

É bem sabido que durante a medição da perda de carga nas obras, enquanto os enrolamentos transportam corrente de carga total, o transformador é excitado apenas parcialmente na tensão de impedância, que é apenas 10-12 por cento da tensão. Como tal, é produzida uma quantidade negligenciável de fluxo no núcleo. Consequentemente, o som produzido pelo núcleo também seria insignificante. No entanto, verifica-se que o transformador produz som durante a medição da perda de carga. Isto deve-se principalmente à força magneto-motriz devida à corrente que flui através dos enrolamentos e que provoca vibrações nos mesmos. Os níveis sonoros de carga medidos, juntamente com os pormenores do transformador, são apresentados no Quadro II.

Rating	Measured Sound level	Calculated sound level
10 MVA, 110/33/11 kV, 52.49 A	61.82 dB(A)	68 dB(A)
50 MVA, 132/33 kV, 218.7 A	63.48 dB(A)	71 dB(A)
12.5 MVA, 132/34.5 kV, 54.67 A	66.10 dB(A)	70 dB(A)
31.5 MVA, 132/34.5 kV, 137.77 A	66.23 dB(A)	71 dB(A)

Quadro II: Carga Nível sonoro

O nível sonoro do núcleo dos transformadores acima referidos não pôde ser medido à excitação nominal. Por conseguinte, este valor foi calculado utilizando as fórmulas empíricas modificadas. A comparação entre o nível sonoro de carga medido e o nível sonoro de núcleo calculado sugere que o primeiro é significativamente inferior e, por conseguinte, pode ser ignorado, para todos os efeitos práticos.

Transformer No.	MVA Rating	kV class	CRGO	Lamination Thickness	Flux density
T-1	100	220/132	MOH	0.27 mm	1.6 T
T-2	63	132/33	MOH	0.23 mm	1.59 T
T-3	2.5	20/0.725	M4	0.27 mm	1.7 T

Tabela III: Detalhes do transformador-ι

6.3.2 Nível sonoro em vazio

Durante o ensaio sem carga, o enrolamento primário é alimentado com tensão total e o outro enrolamento é mantido aberto. Nesta condição, o núcleo do transformador transporta o fluxo nominal, o que resulta em vibrações significativas do núcleo, produzindo assim o som. Foram efectuadas várias experiências para estabelecer o comportamento do som, alterando a tensão e a frequência de excitação. Foram também efectuadas experiências com a utilização de material de amortecimento entre os reforços e os painéis de absorção de som para o transformador de potência e almofadas anti-vibração sob os pés do conjunto núcleo-bobina para o transformador de distribuição.

6.3.3 Caraterística do nível sonoro em função do fluxo cidade

A fim de estabelecer o comportamento do nível sonoro em função da densidade de fluxo, foram efectuadas as seguintes experiências,

A Alteração da tensão de excitação mantendo a frequência de alimentação constante

B Alteração da frequência mantendo a tensão de excitação constante

A. Variação da tensão de excitação mantendo constante a frequência de alimentação

As medições do nível sonoro foram efectuadas nos seguintes transformadores de potência e de distribuição com potências entre 100MVA e 2,5MVA (ver Quadro III), alterando a tensão de excitação e mantendo a frequência constante.

Sr. No.	Flux density (T)	Measure sound level of T-1	Measured sound level of T-2	Measured sound level of T-3
1	1.8	78.00 dB(A)	70.20 dB(A)	56.08 dB(A)
2	1.7	75.00 dB(A)	68.20 dB(A)	**53.73 dB(A)**
3	1.6	**71.16 dB(A)**	**64.49 dB(A)**	52.00 dB(A)
4	1.5	68.00 dB(A)	63.58 dB(A)	50.95 dB(A)
5	1.4	65.50 dB(A)	62.88 dB(A)	49.81 dB(A)
6	1.3	63.00 dB(A)	62.42 dB(A)	49.00 dB(A)
7	1.2	60.00 dB(A)	61.92 dB(A)	48.31 dB(A)
8	1.1	57.00 dB(A)	61.22 dB(A)	48.26 dB(A)
9	1	57.82 dB(A)	60.72 dB(A)	47.71 dB(A)

Tabela IV: Nível sonoro em vazio vs. densidade do fluxo

Os níveis sonoros medidos em dB(A) a diferentes densidades de fluxo são indicados no quadro IV infra e apresentados graficamente na fig. 6.6.

Observa-se na fig. 6.6 que (a) o nível sonoro diminui com a diminuição da densidade de fluxo e tem uma relação linear, (b) o nível sonoro varia 2-3dB(A) ao alterar o valor da densidade de fluxo em 0,1T na zona de densidade de fluxo mais próxima da densidade de fluxo nominal.

B. Variação da frequência com tensão de excitação constante

A medição do nível sonoro é efectuada em transformadores de potência, alterando a frequência (densidade do fluxo de entrada) de 48 Hz a 53 Hz com uma tensão de excitação constante. Os pormenores do transformador são apresentados no quadro V.

Transformer No.	MVA Rating	kV class	CRGO	Lamination Thickness	Flux density
T-4	50	220/33	-	-	-
T-5	40	165/7	MOH	0.27 mm	1.71 T
T-6	31.5	132/33	-	-	-

Tabela V: Pormenores do transformador-2

O nível sonoro medido em dB(A) por alteração da frequência é indicado no quadro VI infra e apresentado graficamente na figura 6.7.

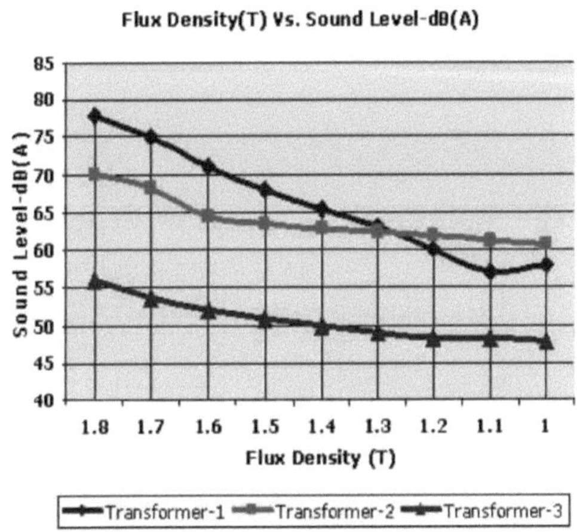

Figura 6.6: Nível sonoro vs. densidade de fluxo

Sr. No.	Flux density (T)	Measure sound level of T-4	Measured sound level of T-5	Measured sound level of T-6
1	48.00	84.10 dB(A)	70.62 dB(A)	71.10 dB(A)
2	49.00	83.50 dB(A)	68.82 dB(A)	70.50 dB(A)
3	**50.00**	**83.00 dB(A)**	**66.79 dB(A)**	**69.90 dB(A)**
4	51.00	83.50 dB(A)	66.20 dB(A)	69.40 dB(A)
5	52.00	83.90 dB(A)	66.56 dB(A)	69.90 dB(A)
6	53.00	85.20 dB(A)	67.20 dB(A)	70.10 dB(A)

Tabela VI: Nível sonoro em vazio vs. frequência

O nível sonoro aumenta em frequências inferiores e superiores à frequência nominal. O nível sonoro mais elevado a uma frequência inferior à frequência nominal pode ser atribuído a uma maior densidade de fluxo. O nível sonoro mais elevado a alta frequência pode ser atribuído a uma frequência de magnetostricção mais elevada.

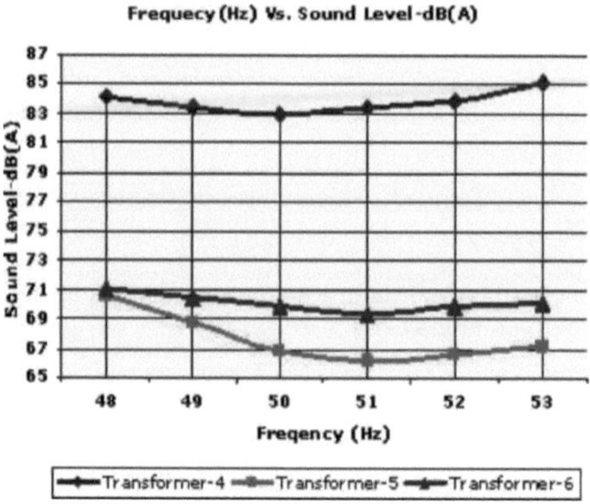

Figura 6.7: Comportamento do nível sonoro vs. Frequência

6.3.4 Experimentação com utilização de material de amortecimento entre reforços para redução do nível sonoro

O transformador de potência de 21,6 MVA, 132/27kV, l-Phase, 50 Hz foi utilizado para a experimentação e medição do nível sonoro com e sem material de amortecimento entre os reforços. Os painéis de lã de rocha de 1,2x1,52m de dimensão com 100 kg/m3 de densidade e 75mm de espessura foram utilizados como material de amortecimento. O material de amortecimento foi colocado nas paredes do tanque nos espaços entre os reforços, como mostra a fig. 6.8.

Propriedade material dos amortecedores

As caraterísticas de absorção sonora da lã de rocha utilizada na experiência são apresentadas na Tabela VII. O valor interpolado do fator de absorção sonora para um painel de lã de rocha com 75 mm de espessura a 100 Hz é de cerca de 0,2.

O fator de absorção sonora aplicável com diferentes frequências é apresentado no Quadro VII. Com base nesse fator de absorção sonora, para uma espessura de painel de 75 mm e uma frequência de onda sonora de 100 Hz, é de 0,2.

Figura 6.8: Transformador de potência com painéis de absorção de som entre os reforços (EMCO Limited, Thane)

Thickness of sound absorbing panel (mm)	125 Hz	250 Hz	500 Hz	1000 Hz	2000 Hz	4000 Hz
30	0.05	0.35	0.70	1.00	1.00	1.00
50	0.20	0.55	0.90	1.00	1.00	1.00
100	0.40	0.80	1.00	1.00	1.00	1.00

Quadro VII: Fator de absorção sonora aplicável

Resultados

O nível sonoro medido é indicado no quadro VIII. O nível sonoro de fundo medido é de 58 dB(A).

Test	Measured Sound level-dB(A)
Without Dampers	63.9
With Dampers	61.5

Tabela VIII: Medição do nível sonoro com e sem aplicação de amortecedores entre reforços em todo o tanque do transformador

Inferência: Os resultados experimentais mostram uma redução do nível sonoro de cerca de 2,4 dB(A) contra a redução esperada de 12 dB(A) com base no fator de aperto declarado. A redução insignificante do nível sonoro pode ser atribuída à pequena potência nominal e construção monofásica do transformador.

6.3.5 Experimentação com caixas do tipo cortina

O transformador gerador de 40 MVA, 165/7 kV, trifásico, 50 Hz foi identificado para experimentação e medição do nível sonoro com e sem painéis de absorção sonora. O transformador tem um esquema de arrefecimento OFAF, uma densidade de fluxo de trabalho de 1,7104 T e material de grau MOH com uma espessura de laminação de 0,27 mm. O material de lã de rocha com 100 kg/m3 de densidade e 75 mm de espessura foi coberto nas paredes do tanque do transformador, como mostra a fig. 6.9.

Figura 6.9: Transformador de potência com painéis de absorção sonora cobrindo todas as paredes do tanque (EMCO Limited, Thane)

Resultados

A medição do nível sonoro foi efectuada com e sem painéis de absorção sonora e os resultados obtidos são apresentados no quadro IX. O nível sonoro de fundo medido é de 60 dB(A).

Tabela IX: Medição do nível sonoro com e sem painéis de absorção sonora cobrindo todas as paredes do tanque do transformador

Test	Measured Sound level-dB(A)
Without Sound absorbing panels	67.1
With Sound absorbing panels	62.95

Inferência: Os resultados experimentais mostram uma redução significativa do nível sonoro em cerca de 6,1 dB(A), contra o valor esperado de 13 dB(A), com a utilização de painéis de absorção sonora. A grande variação na redução do nível sonoro conseguida pode ser atribuída ao facto de: (i) a tampa superior e a base do transformador não estarem cobertas com painéis insonorizantes; (ii) a imperfeição no encravamento de dois painéis, levando à exposição da parede do tanque; (iii) não haver espaço entre os painéis insonorizantes e a superfície de radiação sonora.

6·3·6 Experimentação com almofadas anti-vibração

A experimentação com almofadas anti-vibração colocadas por baixo dos pés do conjunto núcleo-bobina foi efectuada em transformadores de potência e de distribuição.

O transformador de potência de 125 MVA, 132/33 kV, trifásico, 50 Hz foi identificado para a experimentação. A densidade do fluxo de trabalho para este transformador é de 1,67 T. Foi colocado um enchimento de juntas de borracha nitrílica com 12 mm de espessura por baixo dos pés do conjunto do núcleo em 3 locais para servir de almofada anti-vibração.

A medição do nível sonoro foi efectuada apenas com a almofada antivibração, uma vez que não era possível efetuar a medição sem a almofada antivibração. Os resultados são apresentados no quadro X. O nível sonoro de fundo medido é de 61,13 dB(A).

Tabela X: Níveis sonoros com almofadas anti-vibração

Test	Sound level-dB(A)
Calculated	70.95*
Measured	64.08

* O valor calculado do nível sonoro utilizando a fórmula empírica modificada não tem em consideração a atenuação do som devido às almofadas anti-vibração. Verifica-

se que o nível sonoro é 6,9dB(A) inferior ao nível sonoro calculado.

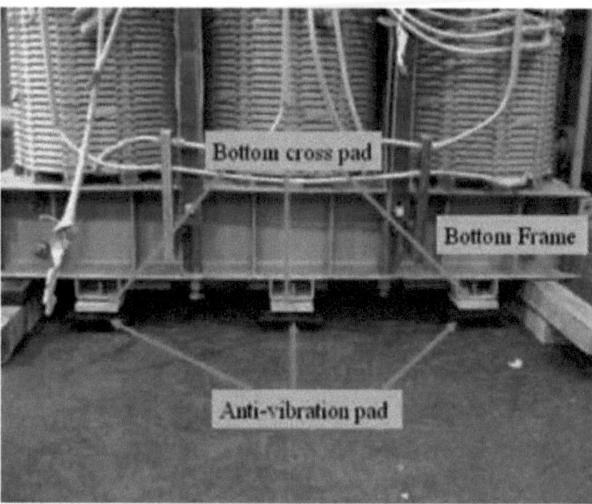

Figura 6.10: Medição do nível sonoro com almofada anti-vibração (EMCo Limited, Jalgaon)

Foi identificado um transformador de distribuição de 1,6 MVA, 6,6/0,433 kV, trifásico, 50 Hz para experimentação com e sem almofadas anti-vibração. A densidade do fluxo de trabalho para este transformador é de 1,58 T. As juntas de borracha nitrílica com 8 mm de espessura foram colocadas por baixo dos pés do conjunto da bobina do núcleo em 3 locais, como se mostra na fig. 6.10.

Test	Sound level-dB(A)
Without Anti-vibration Pad	51.65*
With Anti-vibration Pad	49.18

Tabela XI: Níveis sonoros com e sem almofadas anti-vibração

Os resultados da medição do nível sonoro com e sem almofadas anti-vibração são apresentados no quadro XI. O nível sonoro de fundo medido é de 44 dB(A). Os resultados experimentais mostram uma redução do nível sonoro de cerca de 2,5 dB(A) com a utilização de almofadas anti-vibração.

Capítulo 7

Conclusão e âmbito futuro

7.1 Conclusão

1 As fórmulas empíricas utilizadas para o cálculo do nível sonoro dos transformadores foram modificadas e validadas; podem agora ser utilizadas para estimar o nível sonoro na fase de projeto com uma precisão de 2dB(A). No entanto, esta fórmula não tem em conta a influência da espessura da laminação e da almofada anti-vibração.

2 A utilização de almofadas anti-vibração nos pés do conjunto núcleo-bobina no interior do tanque permite reduzir o nível sonoro em 2,4dB(A) no caso do transformador de distribuição e em cerca de 6,9dB(A) no caso do transformador de potência. No entanto, este facto tem de ser comprovado experimentalmente num grande número de transformadores.

3 O revestimento das paredes dos reservatórios dos transformadores com painéis de lã de rocha que absorvem o som reduz eficazmente o nível sonoro emitido, digamos, em 6dB(A).

4 Estudos experimentais em transformadores de potência mostraram uma redução do nível sonoro da ordem dos 2-3dB(A) com a redução da densidade de fluxo de 0,1T na região próxima da densidade de fluxo nominal de funcionamento.

5 O nível sonoro em condições de plena carga é significativamente inferior ao nível sonoro do núcleo em excitação nominal. No entanto, a tendência pode inverter-se no caso de uma densidade de fluxo de funcionamento inferior a 1,4 T e de um diâmetro de bobina superior a 6 m, tal como referido na literatura.

7.2 Âmbito de aplicação futuro

O âmbito dos estudos poderia ser alargado para abordar os seguintes aspectos.

1 Modificação das fórmulas empíricas para o cálculo do nível sonoro tendo em conta a espessura da folha de laminação e a utilização de almofadas anti-vibração.

2 Estudar o efeito da utilização de areia em reforços ocos como medida de amortecimento acústico.

3 Estudos experimentais para determinar o efeito do aumento da largura da laminação da forquilha ou da espessura da folha de laminação de todo o núcleo no nível sonoro.

4 Utilização de elos ou ligações flexíveis entre o núcleo e as partes estruturais para limitar as vibrações.

5 Utilização de material de cartão com elevado coeficiente de amortecimento nos enrolamentos.

Publicação em papel/Sinopse apresentada

1. H.V.Paghadar, M.L.Jain, C.C.Adalja, Prof. R.H.Patel, "Mitigação de sons Sound in Transformers", Oitava Conferência Internacional sobre Transformadores, TRAFOTECH - 2010.

A sinopse da comunicação técnica intitulada "Mitigation of Audible Sound in Trans - formers" é submetida para a oitava conferência internacional de renome TRAFOTECH - 2010. A aceitação final da comunicação técnica para a referida conferência está a ser aguardada pelo Comité Organizador.

Referências

[1] Ministério do Ambiente e das FlorestasNotificação. Govt. Rule, Nova Deli, 14-Fev., 2000.

[2] Transformadores, Reguladores e Reactores National Electrical Manufacturers Associ ation (NEMA) Standard Publication No. TR-1, 1993.

[3] Leonard L. Grigsby The Electric Power Engineering Handbook. CRC Press, 2001.

[4] Ruído de Transformador: Determinação do Método de Medição da Intensidade Sonora. ELECTRA No.-144, outubro de 1992, pp. 79-95.

[5] Determinação dos níveis sonoros dos transformadores de potência. IEC 60076-10 Norma internacional, primeira edição 2001-05.

[6] Código de teste padrão do IEEE para transformadores de distribuição, potência e regulação imersos em líquido. IEEE C57.12.90, Comité de Transformadores, 18 de março de 1993.

[7] Manual sobre Transformadores. Publicação n.º -295, Central Board of Irrigation and Power (CBIP), março de 2006.

[8] Dr. Apple L. S. Chan Representação de valor único do espetro sonoro. Universidade de Hong Kong, agosto-2008.

[9] J. G. Charles The effect of the level of magnetostriction upon noise and vibration ofmodel single-phase transformer cores. Electrical Research Association (ERA), janeiro-1967.

[10] Federal Pacific Transformer Noise. Universidade de Transformadores, dezembro de 2008.

[11] A. V. Chiplunkar Projeto, operação e manutenção de transformadores de potência com núcleo do tipo cheio de óleo.

[12] Bernard Hochart Power Transformer Handbook. Alsthom Transformer Division, Saint-Ouen, França, 1987.

[13] D. N. Manik, M. L. Munjal Controlo do Ruído Industrial. 18-setembro, 2000.

[14]Martin J. Heatheote, A. C. Franklin The J and P transformer book. 13ª edição, 2007.

[15] A. C. Franklin The J and P transformer book. 11ª edição, 1995.

[16] Keith Jenkins, David Snell Noise in Electrical Machines - Aspectos do ruído associado aos aços eléctricos GO em aplicações de transformadores. Cogent power limited, UK magnetic society, 4 de fevereiro de 2009.

[17] Reiplinger E. Study ofNoise Emitted by Power Transformers based onTodays viewpoint. CIGRE 1988, Paris-Bericht/rapport 12-08.

[18] Ramsis Girgis, Jan Anger, Donald Chu The Sound of Silence, Designing and producing silent transformers. ABB review, fevereiro de 2008.

[19] S. V. Kulkarni, S. A. Khaparde Transformer engineering design and practise. 2004.

[20] K. Karsalel, D. Kerenyi, L. Kiss Large power transformers. Elsevier, 1987.

[21] Ramsis S. Girigis, Kurt Gramm, Ed G. Nijenhuis, Jan-Erik Wrethag. Experimental investigation on effect of core production attributes on transformer core loss performance. ABB power T and D company Inc., ABB transformers AB, IEEE transactions on power delivery, vol. 13, No.2, abril de 1998.

[22] Transformadores de potência de baixo ruído. Toshiba Power Transformers Limited.

[23] Ravish S. Masti, Wim Desmet, WardHeylon On the influence ofcore laminations upon power transformer noise. Actas da ISMA-2004.

[24] S. Rao. Power Transformers and Special Transformers. Hanna Publications, terceira edição-1996.

[25] Catálogo de chapas de grãos orientados laminadas a frio. Neepon Steel Limited.

[26] Knowyourtransformers.EMCO Inhouse Handbook, maio de 2007.

Bibliografia

1. Transformers: Design, fabrico e materiais, Bharat Heavy Electricals Limited, McGraw-Hill Professional 2005

2. Jeffrey N. Denenberg, Noise cancellation Quieting the environment, Vice-Presidente Rand D, Noise Cancellation Technologies, Inc.

3. Deachi-dong, Gangnam-gu, Seoul, Active noise control and noise reduction: prac tical example, IT Magic Co.Ltd., 4th Won Woo Bldg, 607-16, República da Coreia.

4. Moses, A. J., Measurement ofmagnetostriction and vibration withregard to transformer noise, IEEE Trans. on Magnetics, vol.10, No.2, pp.154-156, junho de 1974.

5. J. Dunsbee, M.Miler, R. Feinber, Modern Power Transformer Practise, Universidade de Michigan, 1979.

6. I. Koenig, Some Problems of Transformer Noise, Elektrie, vol.21, No.2, setembro- 1967.

7. Gordon, C.G., A Method for Predicting the Audible Noise Emission from large outdoors Power Transformers, IEEE Trans. on Power apparatus and systems, vol. PAS-98, maio de 1979, pp. 1109-1112.

8. Kanoi M., Hori Y., Maejima M., Obata T., Transformer Noise reduction with new Insulating Panel, IEEE Trans. on Power apparatus and systems, vol. PAS-102, pp. 2817-2825.

9. Donald Brandes, "Noise levels of Medium Power Transformers", n.º 11, 1977.

10. Adobes A., A comparison using a Numerical calculation between the Pressure method and the Intensity method to Measure the Sound Power level of a Transformer in the Vicinity of Reflecting surface, setembro de 1989.

11. Dr. Johann Gunter Paulick, Successful reduction of transformer and reator noise, Transformer noise, ABB review 9/92.

Printed by Books on Demand GmbH, Norderstedt / Germany